AIGC
辅助游戏
美术设计
详解　　陈 毓
編著

Artificial
Intelligence
Generated
Content

化学工业出版社
·北京·

内容简介

本书是一本探索 AIGC（人工智能生成内容）技术在游戏美术设计中应用的指南，旨在引领读者步入一个高效、创意无限的游戏美术设计世界。书中重点介绍了利用 ChatGPT 生成关键词、Midjourney 生成图片资源的流程与技巧，并通过大量案例系统地讲解了如何利用 AIGC 技术进行游戏界面 UI 设计、角色设计、场景构建、宣传资料制作等。此外，本书还通过《宠物消消乐》《宝石之战》《愤怒的水果》《狼人杀》等综合游戏设计案例，帮助读者提升 AIGC 技术的综合应用能力。最后，书中展示了不同风格概念的提示词和相应的图片生成效果，希望能够给读者以参考和启发。

本书适合游戏美术设计专业的学生、初级游戏美术设计师、独立游戏开发者以及对游戏美术设计和 AIGC 技术感兴趣的读者阅读学习。

图书在版编目（CIP）数据

AIGC 辅助游戏美术设计详解 / 陈毓编著． -- 北京：化学工业出版社，2025．2． -- ISBN 978-7-122-46914-4

Ⅰ．TP317.6

中国国家版本馆 CIP 数据核字第 2024VT4896 号

责任编辑：于成成　李军亮　　　　　　　　装帧设计：王晓宇
责任校对：宋　玮

出版发行：化学工业出版社（北京市东城区青年湖南街 13 号　邮政编码 100011）
印　　装：天津裕同印刷有限公司
787mm×1092mm　1/16　印张 17¼　字数 290 千字　　2025 年 3 月北京第 1 版第 1 次印刷

购书咨询：010-64518888　　　　　　　　售后服务：010-64518899
网　　址：http://www.cip.com.cn
凡购买本书，如有缺损质量问题，本社销售中心负责调换。

定　　价：99.00 元　　　　　　　　　　　　　　　　版权所有　违者必究

作为游戏美术设计师，我们站在创作的十字路口，面对着一个充满无限可能的游戏世界。AIGC（人工智能生成内容）技术，这个强大的创意引擎，正悄然改变着我们的工作方式。ChatGPT（聊天机器人程序）和 Midjourney（人工智能从文本到图像生成程序），作为 AIGC 家族中的两颗璀璨明星，它们的光芒为我们的前进道路提供了指引。

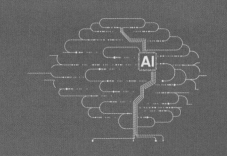

想象一下，你是一个游戏美术设计师，正坐在电脑前，准备为一款新游戏设计角色和场景。你打开了 ChatGPT，输入了你对游戏世界的设想：一个充满神秘色彩的幻想世界，有着古老的城堡、茂密的森林和神秘的魔法生物。ChatGPT 迅速理解了你的想法，并生成了一系列描述性文本，为你的创意提供了丰富的细节。

紧接着，你打开了 Midjourney，将 ChatGPT 生成的文本输入进去。屏幕上立刻展现出一幅幅令人惊叹的图像：雄伟的城堡在夕阳中投下长长的影子，森林里光影交错，魔法生物在月光下闪烁着奇异的光芒。这些图像不仅与你心中的想象完美契合，甚至还有一些你未曾想到的元素，激发了你更多的创意灵感。

你开始对这些初步设计进行微调，ChatGPT 根据你的反馈再次生成文本描述，Midjourney 则根据新的描述生成更加精细的图像。这个过程就像是一个不断迭代的循环，每一次迭代都让你的设计更加完美。

在这个过程中，你感到了前所未有的创作自由和效率。你不再需要在草图和概念设计上花费大量时间，而是可以将更多的精力投入到创意的深化和细节的打磨中。你的团队成员，即使身处世界的不同角落，也能通过这个流程参与到设计中来，共同创造出一个令人难忘的游戏世界。

这就是 ChatGPT 和 Midjourney 结合所带来的魔力——它们不仅仅是工具，更是你的创意伙伴，帮助你将心中的幻想世界变为现实。

本书犹如一份详尽的探险者指南，专为立志踏入游戏美术设计领域的勇士们而作。无论你是新手设计师，还是独立开发者，本书都将为你指引方向。通过系统的学习路径，从基础技能的掌握，到 AI 技术的深度应用，逐步提升你的设计魔力，助你在这个充满机遇的奇幻世界中，书写属于自己的传奇篇章。

书中将介绍游戏美术设计的基础知识，包括角色、场景和道具设计的原理，接着详细讲解 AIGC 技术的基本原理和主要应用案例，重点介绍 ChatGPT、Midjourney 的功能和特点，以及这些工具的使用指南。

书中还将深入探讨 ChatGPT、Midjourney 的核心使用技巧，指导读者如何调整参数以优化生成结果，适应不同的美术风格需求。具体应用包括角色设计、场景设计和道具设计等，从概念到成品，帮助读者通过实际案例掌握这些工具的使用。在项目实践部分，读者将从零开始，完成一些简单的游戏美术设计项目，包括角色、场景和道具设计的各个环节，并学习如何制作和展示自己的基础美术作品集，提升展示技巧。

通过这本指南，读者将掌握 AI 提示词技术、基础美术设计以及 Midjourney 的应用，建立起自己的基础作品集，为进入游戏美术设计行业打下坚实的基础，并在快速变化的行业中保持学习和进步。本书附赠 Midjourney 教学视频，读者可前往化学工业出版社网站（网址：https://www.cip.com.cn/Service/Download）搜索本书书名下载。

本书适合游戏美术专业的学生、初级游戏美术设计师、独立游戏开发者以及对游戏美术设计和 AIGC 技术感兴趣的读者学习。由于作者水平有限，书中不足之处在所难免，恳请广大读者批评指正。

编著者

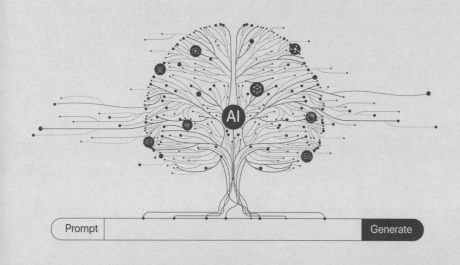

AIGC
Artificial
Intelligence
Generated
Content

Chapter
1

革新：
AIGC 引领游戏美术设计的未来 001

Chapter 2

启程：
走进 AIGC 的奇幻世界 007

Chapter 3

基石：
掌握辅助游戏美术设计的 AIGC 工具　015

Chapter 4

实战：
用 AIGC 进行游戏美术设计　　　127

Chapter 5

探索：
游戏美术设计中不同风格概念的
提示词运用

233

Artificial
Intelligence
Generated
Content

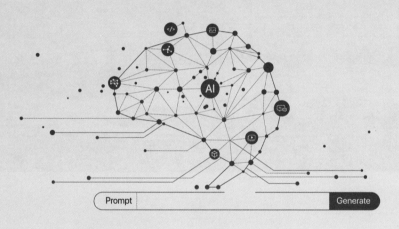

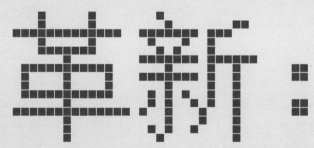

革新：

AIGC 引领游戏
美术设计的未来

1.1

游戏美术设计的核心价值

在游戏世界中，美术设计就像是构建魔法王国的砖瓦与色彩，它不仅赋予角色生命力，还塑造了沉浸式的游戏环境。游戏美术设计在创造一款优秀游戏的过程中扮演着至关重要的角色。它不仅关乎于视觉的第一印象，更是构建游戏世界观、增强玩家沉浸感和情感共鸣的关键因素。优秀的美术设计能够通过色彩、形状和光影的巧妙运用，传递游戏的情感和氛围，使玩家仿佛置身于一个真实而生动的奇幻世界。

此外，它还对提升用户体验、优化用户界面和交互设计起到不可或缺的作用，让玩家在享受游戏的同时，也能体验到直观、流畅的操作。独特的美术风格有助于游戏在众多竞争对手中脱颖而出，建立起品牌识别度，同时，游戏美术设计也是游戏叙事和技术支持的展示窗口。

最终，这些因素共同作用，不仅提升了游戏的艺术价值，也增强了其商业吸引力和市场竞争力。游戏美术设计是连接玩家与游戏世界的桥梁，是提升游戏整体品质极其重要的一环。

1.2
AIGC 技术：游戏美术设计的创新工具

在游戏美术设计这片充满无限可能的数字大陆，AIGC 技术犹如一支魔法画笔，为游戏美术设计注入了全新的能量。通过人工智能生成内容，设计师可以快速生成高质量的游戏素材，从场景构建到角色造型，实现创意的飞速进发。这一技术革新不仅提升了设计效率，还开辟了前所未有的创作空间。

AIGC可显著提升效率，通过快速生成大量高质量的美术素材，如角色、场景和物品，大大缩短制作时间，特别适用于开发周期紧张的项目。此外，AI能够自动处理纹理细节、光影效果和环境元素，减少人工在细节处理上的时间投入，使美术设计师能够专注于创意工作。

同时，自动化生成美术素材，可大大降低人力成本。AI还能学习和分析已有的美术资源，生成新的素材，实现资源的高效再利用，从而进一步降低成本。

在创意扩展方面，AIGC技术能够模拟和生成多种艺术风格，帮助美术设计师探索不同的视觉效果和创意方向，丰富游戏的美术风格。AI生成的内容可以作为设计师的灵感来源，提供新的创意和设计思路，激发设计师的创作灵感。

在个性化设计方面，AIGC 技术可以根据玩家的行为和偏好动态生成个性化的游戏内容，使游戏体验更加贴近玩家需求。玩家也可以通过简单的输入和指令，利用 AI 生成他们想要的角色、场景等内容，增加游戏的互动性和参与感。AI 还可以自动检测和修复美术设计中的瑕疵和错误，确保最终产品的美术质量，同时生成高清且真实感极强的纹理，使游戏画面更加精致和逼真。

在创新互动上，AI 不仅可以设计 NPC 的外观，还可以赋予其智能行为和个性，使游戏互动更加丰富和有趣。在开放游戏世界中，AI 能够根据玩家的实时行为生成和调整场景和环境，使游戏体验更加动态和真实。随着 AIGC 技术的持续创新，AIGC 驱动的更加智能的环境生成、更加复杂的角色互动等都有望成为现实，从而进一步提升游戏的创新性和吸引力。

AIGC 技术不仅能够提升效率、降低成本、扩展创意，还能提升游戏个性化和质量水平，为游戏带来更多的创新和互动元素。随着技术的不断进步，AIGC 将在游戏开发中扮演越来越重要的角色，推动游戏美术设计迈向新的高峰。

Artificial
Intelligence
Generated
Content

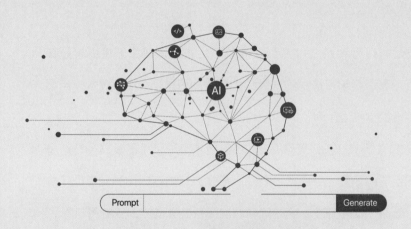

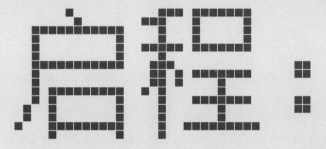

启程：

走进 AIGC 的
奇幻世界

2.1

AIGC 的定义与发展前景

AIGC，全称 Artificial Intelligence Generated Content，即人工智能生成内容，是近年来在人工智能领域兴起的一项重要技术。它通过使用机器学习和深度学习等技术，使得计算机自动生成各种形式的数字内容，如文本、图像、音频和视频等。

AIGC 的发展可以追溯到 20 世纪 80 年代，但真正取得突破性进展是在过去的十年里。随着深度学习技术的发展和大数据的积累，AIGC 技术在自然语言处理、计算机视觉和语音识别等领域取得了显著进步。

以 ChatGPT 为标志，2023 年以来 AIGC 技术实现了飞速发展，并对多个行业产生了深远影响。其已在广告、游戏、自媒体等内容创作领域实现了广泛应用，教育、电商、软件开发、金融等领域也正积极尝试扩大其应用范围。

AIGC 技术具有多重优势。首先它能够提高生产效率，降低成本，例如，AIGC 技术可以帮助创作者更快地生成高质量的内容；其次，AIGC 技术可以帮助提供个性化的服务，提高用户体验；AIGC 技术还有助于企业创新，助力领导者开拓新的商业模式。

AIGC 技术的前景非常广阔，随着技术的不断进步，其有望在更多的领域得到应用，并进一步提高生产效率和用户体验。当然，AIGC 技术的发展也面临一些挑战，如数据隐私、算法偏见等问题，需要进一步地研究和解决。总体而言，AIGC 技术是未来科技发展的重要方向之一，并将对社会产生变革性的影响。

2.2

人工智能与机器学习基础

利用 AIGC 辅助游戏美术设计需要了解人工智能的几个核心技术概念，以便更高效生成优质的作品。这些技术概念包括：

❶ 数据集（Data Sets）：AIGC 的训练依赖于大量的数据集，这些数据集用于训练模型以识别各种模式并生成相应内容。

❷ 算法（Algorithms）：选择适当的算法对数据进行处理和分析是至关重要的。这些算法决定了模型如何从数据中学习并生成新内容。

❸ 模型（Models）：AIGC 使用各种机器学习模型，包括但不限于生成对抗网络（GANs）、变分自编码器（VAEs）、循环神经网络（RNNs）和 Transformer 模型等，来生成不同类型的内容。

❹ 深度学习（Deep Learning）：深度学习是 AIGC 领域中的一个关键技术，它通过使用多层神经网络来学习数据中的复杂关系，模拟人脑的复杂决策能力。

❺ 生成对抗网络（GANs）：GANs 由生成器和判别器组成，生成器创造新内容，判别器评估内容的真实性，两者相互竞争以提高生成内容的质量。

❻ 多模态学习（Multimodal Learning）：多模态是指同时利用和处理多种不同类型数据（如文本、图像、音频和视频等）的人工智能方法。

❼ 强化学习（Reinforcement Learning）：在某些 AIGC 应用中，强化学习可以用来优化生成内容的过程，通过奖励和惩罚机制来指导模型的行为。

⑧ 迁移学习（Transfer Learning）：在迁移学习中，一个在大型数据集上预训练的模型可以被调整（微调）以适应特定的生成任务，这有助于提高模型的性能和效率。

⑨ 结果处理（Result Processing）：生成的内容需要经过后处理步骤，如筛选、编辑和优化，以确保其质量和适用性。

⑩ 算力（Computational Power）：执行复杂的 AIGC 任务需要大量的计算资源，包括高性能的 GPU 和 TPU 等。

⑪ 提示工程（Prompt Engineering）：通过精心设计的提示（Prompt）来引导 AI 模型生成特定类型的输出，这是提升 AIGC 效率和效果的一种技术。

这些基础技术支撑着 AIGC 的发展，使其能够在创意、表现力、迭代速度和个性化等方面展现出显著的技术优势。随着技术的不断进步，AIGC 在内容生成的质量和多样性上也将不断提升。

2.3

AIGC 在游戏美术中的魔法

AIGC 是一个快速发展的领域，涵盖了图像、音乐、视频、文本等多个方面。目前 AIGC 技术已在游戏开发中得到应用，帮助游戏开发者提高开发效率，降低成本，利用 AIGC 提升创作效率已成为游戏行业生产力提升的重要手段：

图形生成和处理： AIGC 可以应用于游戏美术领域的图形生成和处理，例如生成地形、建筑物、道具等。通过机器学习和生成模型，AIGC 能够自动生成各种元素，提高游戏开发的效率和资源利用率。

纹理和材质生成： AIGC 能够自动生成纹理和材质，以用于游戏中的角色、环境等。通过学习大量的纹理和材质样本，AIGC 可以生成新颖的纹理样式和材质效果，从而提供丰富的美术选择和激发创作灵感。

角色和怪物设计： AIGC 能够辅助游戏开发者进行角色和怪物设计。通过学习已有的角色设计和动画数据，AIGC 可以生成新的角色造型、外观和动作，帮助开发者快速创建各种类型的角色和怪物。

动画生成： AIGC 可以应用于游戏中的动画生成。通过机器学习和运动捕捉技术，AIGC 学习和模拟各种动作和行为，从而生成逼真的角色动画，提高游戏的视觉表现和交互体验。

2.4

AIGC 辅助游戏美术设计主流工具概览

AIGC 辅助游戏美术设计的常用软件和工具有很多，主要涉及内容生成和设计生成类软件。本书主要介绍目前广泛使用的文本生成工具 ChatGPT 和图像生成工具 Midjourney，重点介绍这两个软件如何用于游戏美术设计。

（1）文本生成与概念创意

ChatGPT：用于生成游戏的背景故事、角色设定、任务情节等文本内容，为美术设计提供创意基础。

（2）图像生成与概念艺术

Midjourney：通过文本描述生成高质量的概念艺术图像，适用于角色设计、场景概念等。

AIGC

Artificial
Intelligence
Generated
Content

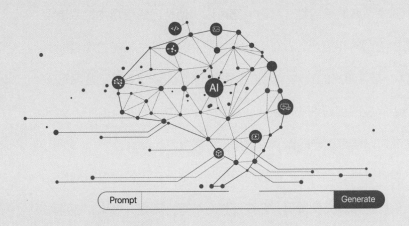

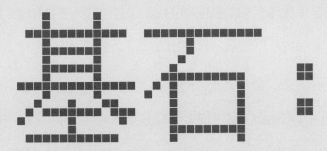

基石：

掌握辅助游戏
美术设计的
AIGC 工具

3.1

ChatGPT：激发创意的智慧助手

3.1.1　ChatGPT 的特点及其在游戏美术设计中的应用

ChatGPT 是一款先进的人工智能聊天机器人，它具备强大的自然语言处理能力，能够与用户进行流畅且连贯的对话。ChatGPT 的上下文理解能力能够让它在对话中保持话题的一致性，同时，它可以快速从海量信息中检索出相关数据，提供有用的回答和信息。此外，ChatGPT 的文本生成能力使其能够创作出语法正确、内容连贯的文本，无论是回答问题、撰写文章还是编写代码，它都能展现出高度的创造性和个性化。通过不断地学习，ChatGPT 会不断优化自己的性能，以适应用户的提问方式和内容需求。

在游戏美术设计领域，ChatGPT 的应用极为广泛，它不仅可以帮助设计师在概念开发、创意工作、文案撰写、用户反馈分析等方面提升效率，还能作为教育工具，帮助新手设计师学习基础知识和技能，甚至在技术支持和辅助决策中发挥重要作用。ChatGPT 的快速原型制作能力还为视觉设计提供了坚实的基础，展现出其在游戏设计行业中的巨大潜力和价值。

在游戏美术设计中，ChatGPT 的应用可以包括：

❶ **概念开发：** ChatGPT 可以帮助游戏设计师生成游戏世界观、故事背景、角色设定等概念。

❷ **创意工作：** 通过提供关键词或主题，ChatGPT 能够提供创意灵感，帮助设计师突破创作瓶颈。

❸ **文案撰写：** ChatGPT 能够撰写游戏内文本，如任务描述、角色对话、剧情脚本等。

④ **用户反馈分析**：ChatGPT 可以帮助分析玩家反馈，提取有价值的意见，用于游戏美术的改进。

⑤ **技术支持**：ChatGPT 可以提供有关游戏美术设计技术的信息和建议，如软件工具的使用技巧。

⑥ **教育和培训**：ChatGPT 可以作为学习工具，帮助新手设计师学习游戏美术设计的基础知识和技能。

⑦ **自动化文档编写**：ChatGPT 可以自动生成设计文档、会议记录和项目报告等。

⑧ **多角色对话模拟**：在角色设计阶段，ChatGPT 可以模拟不同角色之间的对话，帮助设计师更好地理解角色性格。

⑨ **辅助决策**：ChatGPT 可以提供基于数据和逻辑的建议，辅助设计师在多个设计方案中做出选择。

⑩ **快速原型制作**：ChatGPT 可以快速生成文本描述的原型概念，为视觉设计提供基础。

ChatGPT 作为一个多功能的 AI 工具，在游戏美术设计中的应用潜力巨大，能够提升设计效率、丰富创意来源，并提供有价值的信息和建议。ChatGPT 可通过访问网页版、下载安装桌面应用程序和移动应用程序使用，读者选择合适的方法即可，这里不作展开。

3.1.2 ChatGPT 在游戏美术设计中的应用实例

（1）概念和故事创作

背景设定：帮助创建详细的游戏背景故事、世界观和情节，为美术设计提供灵感。

角色设定：生成角色的性格描述、外貌特征和背景故事，使美术设计更有深度和细节。

示例：

```
复制代码
用户：为一个未来城市的角色设计一个背景故事。
ChatGPT：她是一名科技公司高层，拥有强大的黑客技能。在新曙光城，资源争夺激烈，她利用自己的技术保护城
```

（2）视觉概念生成

关键词和描述：生成用于图像生成工具（如 Midjourney、Stable Diffusion）的关键词和详细描述，指导概念艺术创作。

情景描绘：描述特定场景、氛围和环境细节，使美术设计更具视觉化。

示例：

```
复制代码
用户：为一个奇幻森林生成一些关键词。
ChatGPT：Enchanted forest, glowing mushrooms, ancient trees, magical creatures,
```

（3）设计灵感和创意

风格建议：根据项目需求，提供不同美术风格的建议，如复古、现代、未来、卡通等。

创意碰撞：通过与 ChatGPT 的互动，激发美术设计师的创意思维，探索新的设计方向。

示例：

```
复制代码

用户：我需要一个独特的城市设计，结合现代和中世纪元素。
ChatGPT：你可以设计一个城市，中心区域是现代高楼和科技设施，周围环绕着中世纪风格的城堡和街道。
```

（4）任务和场景设计

任务描述：生成具体的任务描述和情节发展，帮助美术设计师创建与任务情节相符的场景和道具。

环境细节：描述特定任务环境的视觉细节，如天气效果、时间变化、环境互动等。

示例：

```
复制代码

用户：设计一个废弃实验室的场景。
ChatGPT：废弃的实验室位于地下深处，墙壁上布满了裂缝和苔藓。破碎的实验设备散落一地，绿色液体
```

（5）用户界面和体验设计

UI元素描述： 生成UI元素的描述和设计建议，如按钮、菜单、图标等。

用户体验建议： 提供用户体验优化建议，使UI设计更加直观和用户友好。

示例：

```
复制代码

用户：为一个科幻游戏设计一个用户界面。
ChatGPT：用户界面应采用未来感十足的设计风格，使用蓝色和紫色的渐变色调。按钮和菜单应有光滑的边缘和
```

通过这些功能和应用，ChatGPT能够在游戏美术设计过程中提供重要的支持和创意灵感，提升设计效率和质量。

3.1.3 如何用 ChatGPT 写出游戏美术设计的图片关键词

使用ChatGPT写出游戏美术设计的图片关键词可以应用以下技巧：

❶ **细化问题：** 确保你的提问尽可能细化，这样ChatGPT可以提供更具体和相关的答案。例如，如果你想要设计一个具有特定主题或风格的游戏美术作品，你应该在提问中明确指出这些要求。

❷ **引导ChatGPT：** 你可以通过逐步引导的方式，增加细节，使ChatGPT能够根据你的需求完善答案。例如，你可以先提出一个大致的主题或概念，然后逐步添加细节，如颜色、场景、角色动作等，以引导ChatGPT生成更符合你需求的关键词。

❸ **选择合适的关键词：** ChatGPT生成的关键词可能包括抽象、具象、幽默等多种类型，你可以根据自己的需求选择合适的关键词。例如，如果你需

要设计一个梦幻般的场景，可以选择"梦境"、"彩虹鱼"、"星空之眼"等关键词；如果你需要设计一个现实主义的场景，可以选择"一只猫在沙发上睡觉""一座雪山下的小屋""一朵向日葵在阳光下微笑"等描述性的词语。

❹ **结合具体场景**：你可以结合具体的游戏美术设计场景，如角色设计、场景布置等，提出更具针对性的问题。例如，如果你正在设计一个角色，可以询问ChatGPT关于角色的外观描述、动作姿态等；如果你正在设计一个场景，可以询问关于环境布局、色彩搭配等。

在利用ChatGPT为游戏美术设计提供灵感和关键词时，可以遵循以下步骤。

首先，需要明确游戏的类型和主题，比如是科幻、奇幻还是历史背景，以及游戏的视觉风格，如写实或卡通。接着，考虑游戏中的角色和环境，包括主角、敌人、NPC以及城市、森林或太空等场景。定义游戏的氛围，如轻松或紧张，以及游戏中的关键元素，如魔法、武器或科技。

然后，可以将这些信息提供给ChatGPT，请求它生成相关的关键词。例如，如果正在设计一个中世纪奇幻风格的游戏，可以询问助手提供角色和环境的关键词。

使用这些关键词，并进一步细化和扩展，以适应游戏的具体需求。在初步设计后，可以根据反馈进行调整，并再次使用ChatGPT来优化关键词。同时，不要局限于AI的建议，可结合其他资源如艺术作品、书籍或在线画廊，丰富关键词库。

最后，将这些关键词和概念融合，创造出独特的游戏美术设计，并与美术设计师合作或使用图形设计软件，将这些关键词转化为实际的视觉元素。通过这种方式，ChatGPT就成为了创意过程中的一个有力工具，帮助激发灵感并更好实现设计愿景。

下面举例说明。

示例1：
卡通风格的森林冒险游戏

❶ **游戏类型和风格：** 卡通风格的冒险游戏

❷ **场景：** 森林

❸ **角色：** 冒险者

❹ **细节描述：**

➢ **颜色：** 明亮的绿色树叶，蓝色的天空，柔和的光线

➢ **元素：** 高大的树木，藤蔓，蘑菇，河流，木桥

➢ **角色细节：** 冒险者穿着棕色皮夹克，戴着探险帽，背着背包，表情兴奋

生成的关键词：

◇ 卡通风格　　　　　　　　◇ 河流

◇ 森林场景　　　　　　　　◇ 木桥

◇ 明亮绿色树叶　　　　　　◇ 冒险者

◇ 蓝色天空　　　　　　　　◇ 棕色皮夹克

◇ 柔和光线　　　　　　　　◇ 探险帽

◇ 高大树木　　　　　　　　◇ 背包

◇ 藤蔓　　　　　　　　　　◇ 兴奋表情

◇ 蘑菇

根据生成的关键词我们创造出的视觉图片如图3-1所示。

图3-1　卡通风格的森林冒险游戏场景

示例 2：
赛博朋克风格的城市夜景

❶ **游戏类型和风格**：赛博朋克风格的射击游戏

❷ **场景**：城市夜景

❸ **角色**：机器人战士

❹ **细节描述**：

➢ 颜色：霓虹灯光，紫色和蓝色调

➢ 元素：高楼大厦，全息广告牌，飞行汽车，阴影中的小巷

➢ 角色细节：机器人战士全身银色金属装甲，红色眼光，手持激光枪

生成的关键词：

◇ 赛博朋克风格　　　　　　◇ 飞行汽车

◇ 城市夜景　　　　　　　　◇ 阴影小巷

◇ 霓虹灯光　　　　　　　　◇ 机器人战士

◇ 紫色调　　　　　　　　　◇ 银色金属装甲

◇ 蓝色调　　　　　　　　　◇ 红色眼光

◇ 高楼大厦　　　　　　　　◇ 激光枪

◇ 全息广告牌

根据生成的关键词我们创造出的视觉图片如图 3-2 所示。

通过这种方法，你可以为各种不同风格和类型的游戏美术设计生成关键词。

图 3-2　赛博朋克风格的射击游戏场景

3.1.4 如何利用 ChatGPT 创造一个具有深度和复杂性的 NPC 角色

利用 ChatGPT 创造一个具有深度和复杂性的 NPC 角色，可以遵循以下步骤：

❶ **定义角色背景：** 使用 ChatGPT 生成角色、出生地、家庭情况、教育背景和重要生活事件等。这些背景信息将为角色的动机和行为提供基础。

❷ **确定角色性格：** 向 ChatGPT 提供一系列性格特征的关键词，如勇敢、狡猾、乐观或悲观等，让它帮助塑造角色的性格。

❸ **建立动机和目标：** 询问 ChatGPT 角色可能的动机、愿望和目标，这些目标将指导角色在游戏中的行为和决策。

❹ **设计对话风格：** 利用 ChatGPT 生成符合角色性格和背景的对话样本，包括日常对话、特定情境下的反应以及与玩家互动时的表达方式。

❺ **生成角色关系网：** 让 ChatGPT 帮助构建角色与其他游戏角色之间的关系，如朋友、敌人、家人或同事等，这些关系将影响角色间的互动。

❻ **创造行为模式：** 利用 ChatGPT 生成角色在不同情境下的行为模式，如在战斗、交易或社交场合中的反应。

❼ **设计角色发展：** 让 ChatGPT 帮助构思角色在游戏中的发展轨迹，包括角色如何成长、学习或改变。

❽ **编写故事线：** 使用 ChatGPT 生成与角色相关的任务和故事线，确保它们与角色的背景和动机相吻合。

❾ **反馈和迭代：** 将 ChatGPT 生成的内容作为起点，收集玩家和测试者的反馈，然后迭代角色的设计，使其更加完善和真实。

❿ **集成到游戏中：** 将 ChatGPT 生成的角色内容集成到游戏引擎中，并确保它们在游戏中的表现与设计意图一致。

⓫ **利用 AI 进行动态交互：** 考虑使用 ChatGPT 或其他 AI 技术在游戏中实现动态对话和交互，使 NPC 能够根据玩家的行为和选择做出反应。

⓬ **细化和优化：** 根据游戏测试的结果，对角色的对话和行为进行细化和优化，确保它们在游戏中的表现既真实又引人入胜。

通过这些步骤，ChatGPT 可以作为一个强大的工具，帮助游戏开发者创造出具有深度和复杂性的 NPC 角色，从而提升游戏的沉浸感和玩家的游戏体验。

下面让我们试着用 ChatGPT 生成一个 NPC 游戏的角色设定。

步骤 1：
生成一个适合年轻女性娱乐类型的 NPC 游戏的角色定义

根据上述方法，让我们使用 ChatGPT 来创造一个适合年轻女性娱乐类型的 NPC 角色定义：

① **角色名称：** 艾薇拉（Aveline）

② **角色背景：** 艾薇拉出生在王国的边缘小镇，她是一位拥有一半精灵血统的少女，从小对魔法和古老的传说充满好奇。她的母亲是一位著名的草药师，父亲则是一位游历诗人，这让她从小就接触到了各种植物的奥秘和吟游诗人的故事。

③ **性格特征：** 艾薇拉性格开朗、乐观，对未知世界充满探索欲望。她善良、勇敢，愿意帮助别人。同时，她也有一点点顽皮，喜欢恶作剧。

④ **动机和目标：** 艾薇拉的目标是探索世界，寻找古老的魔法和知识，以解开她家族历史的秘密。她梦想着有一天能够成为一名伟大的魔法师，用她的力量帮助更多的人。

⑤ **对话风格：** 艾薇拉的对话风格活泼、机智，她喜欢用诗歌和谜语来表达自己的想法。她的语言中常常夹杂着古老的谚语和幽默的比喻。

⑥ **角色关系网：** 艾薇拉与母亲关系亲密，经常帮助母亲在草药店工作。她的父亲经常外出，每次回家都会给她带来新的故事和冒险经历。在冒险中，她结识了许多朋友，包括勇敢的骑士、神秘的法师和其他各种各样的冒险者。

⑦ **行为模式：** 艾薇拉在探索时表现出极高的好奇心和勇气，她喜欢尝试不同的魔法和草药。在战斗中，她更倾向于使用辅助魔法来帮助队友，而不是直接攻击。

⑧ **角色发展**：随着游戏的进行，艾薇拉将学习到更多关于自己家族和世界的知识，她的魔法能力也会逐渐增强。玩家的选择和互动将影响她的成长轨迹和故事发展。

⑨ **故事线**：艾薇拉的故事线将围绕她寻找家族秘密的旅程展开。玩家将帮助她解开古老的谜团，发现隐藏的宝藏，并与她并肩作战对抗邪恶势力。

⑩ **集成到游戏中**：艾薇拉的角色设定将被集成到游戏引擎中，确保她的行为和对话在游戏中自然流畅，与玩家的互动富有吸引力。

通过这些步骤，我们创造了一个具有深度和复杂性的NPC角色艾薇拉，她将为年轻女性玩家提供丰富的互动体验和引人入胜的故事。

步骤2：
确定艾薇拉在游戏世界中有哪些潜在的敌人或挑战

在游戏世界中，艾薇拉可能会面临多种潜在的敌人和挑战，这些元素可以为游戏增加紧张感和深度：

❶ **黑暗势力**：艾薇拉可能会遇到一个邪恶的巫师或黑暗势力，他们试图利用古老的禁忌魔法来控制或破坏世界。

❷ **家族宿敌**：由于她的家族背景，艾薇拉可能会发现一些与她家族有世仇的敌人，这些敌人可能想要阻止她揭露真相。

❸ **道德困境**：艾薇拉可能会面临道德上的抉择，比如是否使用可能会带来灾难性后果的强大魔法。

❹ **古老诅咒**：游戏世界中可能存在古老诅咒，影响着艾薇拉的家族和她的个人命运。

❺ **政治阴谋**：艾薇拉可能会卷入王国内部的政治斗争，她必须在忠诚、权力和真相之间找到平衡。

❻ **被误解的力量**：艾薇拉的魔法能力可能会被其他角色误解或恐惧，导致她必须努力证明自己并赢得信任。

❼ **试炼和任务**：在她的旅程中，艾薇拉需要完成各种试炼和任务，这些任务可能会考验她的技能、智慧和决心。

⑧ **失落文明的秘密**：探索古代文明的遗迹可能会揭露危险的秘密和守护者，艾薇拉需要克服这些挑战以揭开真相。

⑨ **自然灾害**：艾薇拉可能会遇到自然灾害或被诅咒的土地，她需要利用自己的魔法和知识来克服这些障碍。

⑩ **内心的挣扎**：艾薇拉在追求力量和知识的过程中可能会面临内心的挣扎，比如对力量的渴望与对责任的担忧之间的冲突。

⑪ **背叛和欺骗**：在她的旅途中，艾薇拉可能会遭遇背叛，她需要学会辨别谁是真正的朋友，谁是隐藏的敌人。

⑫ **时间赛跑**：艾薇拉可能需要在有限的时间内找到解决方案或完成目标，以防止灾难的发生。

这些敌人和挑战将为艾薇拉的角色增加多维度的冲突和发展，同时也为玩家提供丰富的游戏体验和参与感。通过克服这些障碍，艾薇拉将展现出成长和变化，使她成为一个更加立体和引人入胜的角色。

步骤3：
确定在游戏剧情中有哪些元素可以增强玩家对艾薇拉情感的共鸣

在游戏剧情中，增强玩家对艾薇拉情感共鸣的元素可以包括：

❶ **深刻的背景故事**：艾薇拉的过去应该包含感人或富有启示性的事件，这些可以是关于她失去的亲人、家乡的灾难，或是她的特殊天赋和使命。

❷ **情感丰富的对话**：通过对话展现艾薇拉的情感波动，如快乐、悲伤、愤怒或恐惧，使玩家感受到她的真实情感。

❸ **视觉表现**：使用细腻的面部表情、肢体语言和动画来传达艾薇拉的内心状态，增强玩家的代入感。

❹ **音乐和声效**：配合艾薇拉的情感状态和剧情高潮，使用相应的背景音乐和声效来增强氛围。

❺ **玩家选择的影响**：让玩家的选择能够影响艾薇拉的情感反应和剧情走向，使玩家感到自己对她的命运有直接的影响。

❻ **亲密的非玩家角色关系**：设计艾薇拉与其他角色之间的亲密关系，如

友情、师徒情或爱情，通过这些关系的深化和挑战来触动玩家的情感。

⑦ **艾薇拉的个人成长：** 展现艾薇拉在面对挑战和困难时的成长和变化，让玩家见证她从一个有缺陷的人成长为更加坚强和智慧的角色。

⑧ **道德困境和牺牲：** 让艾薇拉面临道德选择，需要为了更大的利益做出牺牲，这种自我牺牲的精神可以引起玩家的共鸣。

⑨ **内心独白和反思：** 通过艾薇拉的内心独白和反思，让玩家了解她的想法、梦想和恐惧，增加情感深度。

⑩ **情感触发的剧情事件：** 设计一些关键的剧情事件，如艾薇拉保护他人、面对失去或实现重要目标的时刻，这些事件可以触发玩家的情感共鸣。

⑪ **共鸣的主题和象征：** 使用普遍的情感主题和象征，如爱、家庭、牺牲和勇气，这些主题能够跨越文化和个人经历，引起广泛共鸣。

⑫ **记忆和梦境的探索：** 通过探索艾薇拉的记忆和梦境，让玩家更深入地了解她的过去和内心世界。

⑬ **玩家与艾薇拉的互动：** 设计一些互动环节，如赠送礼物、共同完成任务或简单的日常交流，通过这些互动建立玩家与艾薇拉之间的情感联系。

以上我们利用 ChatGPT 生成了一个 NPC 游戏角色的设定，通过这些元素的综合运用，游戏可以有效地增强玩家对艾薇拉的情感共鸣，使她成为一个令人难忘和深受喜爱的角色。

3.2

Midjourney：游戏绘图设计的创意引擎

3.2.1 Midjourney 的特点及其在游戏美术设计中的应用

Midjourney 是一个先进的 AI 图像生成工具，它通过深度学习技术，可以根据用户提供的文本描述快速创造出高质量、风格多样的视觉图像。它能够理解和转化复杂的视觉概念，提供从现实主义到抽象艺术等多种风格选项，帮助设计师和创意工作者在游戏美术设计、概念艺术创作、动画制作等多个领域实现快速迭代和灵感探索，极大地提升创作效率，实现创意的灵活性。Midjourney 的使用简化了设计过程，使得用户可以轻松尝试不同想法，并迅速获得视觉化的反馈结果，进而优化和完善设计，推动创意项目的进展。

在游戏美术设计中 Midjourney 有多种应用方式。以下是一些主要的应用场景：

❶ **概念艺术：**

➢ 快速生成概念图：设计师可以通过输入描述性的文本，让 Midjourney 快速生成多种不同风格和设定的概念图。这样可以节省时间，并帮助团队更好地理解和选择设计方向。

➢ 灵感来源：Midjourney 可以为设计师提供独特的视觉灵感，通过生成一些非传统的艺术作品，激发创作灵感。

❷ **角色设计：**

➢ 初步设计：通过描述角色的特征、服装、表情等，Midjourney 可以生成初步的角色设计草图，供设计师进一步修改和完善。

➢ 多样化的角色原型：Midjourney 可以生成不同风格、种族、职业的角色形象，为游戏中的多样化角色设定提供丰富的素材。

❸ **场景设计：**

➢ 环境设定：通过输入场景描述，如"神秘的森林"或"未来城市"，Midjourney 可以生成不同风格的场景图像，为环境设定提供视觉参考。

➢ 光影效果：Midjourney 可以模拟不同时间和天气条件下的光影效果，帮助设计师更好地呈现场景氛围。

❹ **物品和装备设计：**

➢ 道具设计：通过描述武器、工具、魔法物品等，Midjourney 可以生成各种创意的设计草图，供设计师选择和改进。

➢ 装备设定：Midjourney 可以生成不同风格和材质的装备设计，提供更多选择。

⑤ 界面设计：

> UI/UX 元素：Midjourney 可以生成按钮、图标、菜单等界面元素的设计草图，帮助设计师快速迭代和改进。

⑥ 故事板和动画预览：

> 故事板草图：通过描述剧情，Midjourney 可以生成关键场景的故事板草图，帮助团队更好地理解和规划故事发展。

> 动画概念图：Midjourney 可以生成动画的关键帧概念图，为动画制作提供参考。

3.2.2　如何安装和使用 Midjourney

Midjourney 是一款基于 Discord 平台的 AI 图像生成工具，所以我们首先要注册 Discord 账户，将 Midjourney 机器人加入到自己的房间，然后就可以通过简单的文本提示生成具有视觉效果的图像。以下是安装和使用 Midjourney 的基本步骤：

① 访问 Discord 官网并注册账号，或在 Discord 应用内完成注册。

② 加入 Midjourney Discord 服务器：访问 Midjourney 的官网，如图 3-3 所示，点击 Sign Up 链接后，跟随引导至 Discord 注册并加入

图 3-3　Midjourney 官网界面

图3-4　添加服务器

Midjourney 服务器。

❸ 在 Discord 上创建个人服务器：在多人 Discord 服务器中，由于消息太多容易造成干扰。所以我们可以建立一个自己的服务器并与 Midjourney 机器人单独进行交互。

第 1 步进入 Discord 登录账户后，在左侧菜单栏中点击"＋"号添加服务器按钮，如图 3-4 所示。

第 2 步选择"亲自创建"选项，如图 3-5 所示，并根据提示填写服务器的名称、上传图标信息。最后，点击"创建"按钮即可成功创建自己的服务器，如图 3-6 所示。

第 3 步我们需要邀请 Midjourney 机器人进入我们所创建的服务器。在 Discord 中，找到一个已经拥有 Midjourney 机器人的频道。如果你没

图3-5　"亲自创建"按钮

图3-6　创建服务器

图3-7 将 Midjourney 机器人添加至服务器

图3-8 授权访问

有这样的频道，可以先加入 Midjourney 官方服务器就会看到 Midjourney 机器人了。然后添加 Midjourney 机器人至服务器，如图3-7所示。

第4步在频道中，找到 Midjourney 机器人的昵称，并右键单击它。在弹出的菜单中，选择"添加至服务器"选项，如图3-8所示。然后，将被重定向到 Midjourney 官方网站，要求授权机器人访问服务器。只要选择你创建的服务器并点击"授权"按钮就可以了。

Midjourney 提供了多种不同等级订阅服务，用户可根据实际使用需求来选择合适的套餐。请注意，Midjourney 的具体使用步骤和功能可能会随时间更新，建议访问 Midjourney 的官方文档或 Discord 频道获取最新信息。

3.2.3 了解 Midjourney 轻松入门 AI 绘画

3.2.3.1 了解 Discord 的基础界面

Midjoumey 是运行在 Discord 平台上的一个应用，同时也是一款强大的 AI 绘画工具，它能根据用户输入的关键词生成逼真且富有创意的图像，为用户的艺术创作和想象提供无限可能。其界面主要包含以下几个区域，如图 3-9 所示。

① 服务器列表：呈现用户可加入或已在其中的服务器，涵盖多种主题，方便找到感兴趣的社群。

② 频道列表：对服务器内的交流区域进行分类，如聊天、游戏、公告等频道，使交流更具针对性。

图 3-9　Midjourney 界面

❸ **对话列表**：展示与好友或服务器内成员的单独对话记录，方便快速回顾和继续交流。

❹ **输入框**：在此输入参数、提示词等命令，向特定对象或频道发送自己的想法和内容。

❺ **成员和机器人列表**：显示服务器中的成员及机器人，可查看其在线状态等信息，利于互动协作。

3.2.3.2　第一次使用 /imagine 生成图像

第一步：在对话框（对话列表）中手动输入 /imagine，如图 3-10 所示。

第二步：在对话框内输入画面描述关键词 ❶，如图 3-11 所示。

第三步：发送后 Midjourney 会开始工作，从模糊到清晰慢慢渲染四张图片，如图 3-12 所示。

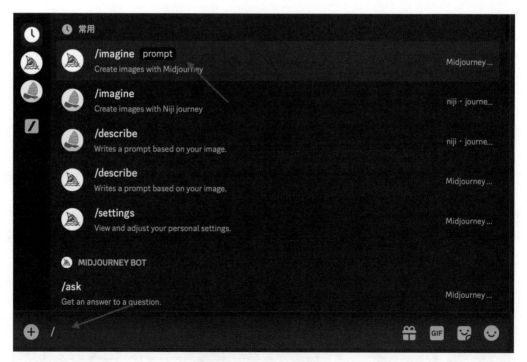

图3-10　输入/imagine

---

❶ 以英文关键词为例。不熟悉英文的读者可使用 ChatGPT 的翻译功能。

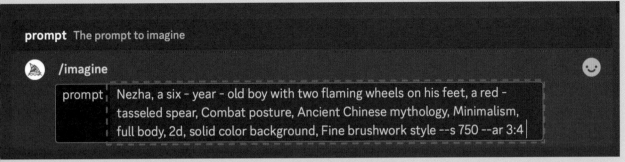

prompt The prompt to imagine

/imagine

prompt | Nezha, a six - year - old boy with two flaming wheels on his feet, a red - tasseled spear, Combat posture, Ancient Chinese mythology, Minimalism, full body, 2d, solid color background, Fine brushwork style --s 750 --ar 3:4 |

图 3-11　输入描述关键词

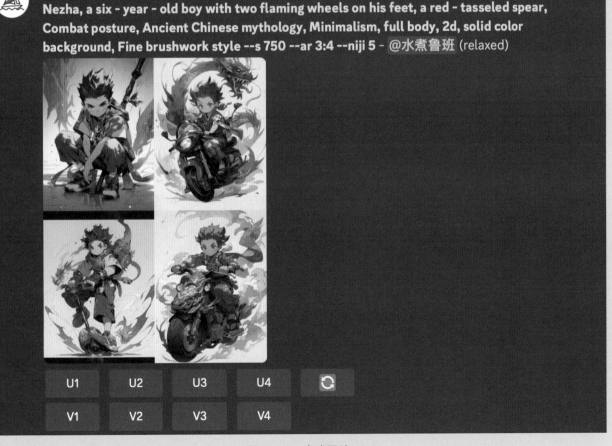

Midjourney Bot ✔APP 今天19:44

Nezha, a six - year - old boy with two flaming wheels on his feet, a red - tasseled spear, Combat posture, Ancient Chinese mythology, Minimalism, full body, 2d, solid color background, Fine brushwork style --s 750 --ar 3:4 --niji 5 - @水煮鲁班 (relaxed)

图 3-12　生成图片

3.2.3.3 放大图像和修改图像

生成初始图像网格后，图像网格下方将出现两行按钮。按钮上的数字，代表图片的顺序，例如 U1 就代表第一张图，以此类推，顺序为从左至右，从上至下。

❶ 单击 U1/U2/U3/U4 按钮：可以放大图像，放大的图像将会添加更多细节，如图 3-13 所示。

❷ 单击 V1/V2/V3/V4 按钮：可以对图像进行再次创作，会在所选的图像上进行较强 / 微妙的改变，但整体风格保持一致，如图 3-14 所示。

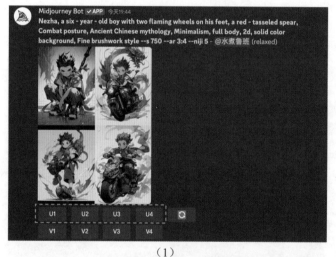

（1）　　　　　　　　　　（2）

图 3-13　放大图像

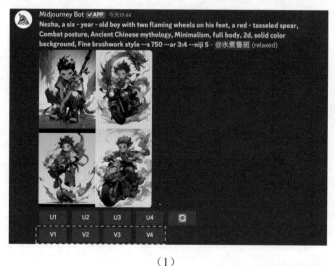

（1）　　　　　　　　　　（2）

图 3-14　对图像进行再次创作

（1）　　　　　　　　　　　　　　　　　　　　（2）

图 3-15　生成新的图像网格

❸ 单击刷新按钮，即可重新运行原始提示词，生成新的图像网格，如图
3-15 所示。

3.2.3.4　进一步修改图像

在单击 u1/u2/u3/u4 按钮放大某张图片后，会出现一些新的按钮，我们
可以利用它们对图像进行进一步修改。

❶ **单击 Vary（Strong）**：可以对图像进行再次创作，整体风格保持不变，
但图像会有较大变化，如图 3-16 所示。

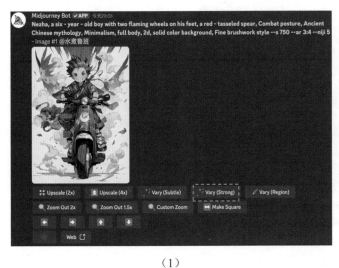

（1）　　　　　　　　　　　　　　　　　　　　（2）

图 3-16　对图像进行再次创作 1

❷ 单击 Vary（Subtle）：可以对图像进行再次创作，但变化较小，只在细节部分做了微调，如图 3-17 所示。

❸ 单击 Vary（Region）：会出现一个弹窗，在该弹窗中，可以使用矩形工具或套索工具来圈出想修改的区域，即可对所选区域进行重新绘制，生成四格图，如图 3-18 所示。

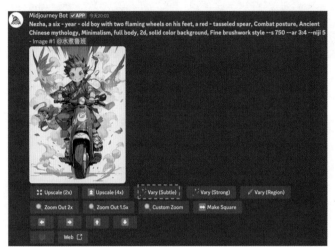

（1）

（2）

图 3-17　对图像进行再次创作 2

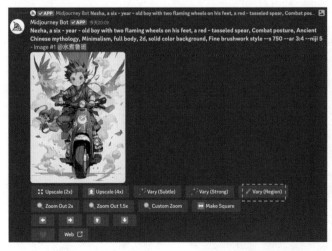

（1）

（2）

（3）

图 3-18　对图像进行再次创作 3

❹ 单击 Zoom Out 2x、Zoom Out 1.5X、Custom Zoom：会扩展画布的原始边界，而不改变始图像。新扩展的画布将根据提示词和原始图像进行填充，生成新的图像网格。Zoom Out 2x 扩展 2 倍，Zoom Out 1.5x 扩展 1.5 倍，Custom Zoom 可自定义扩展大小和修改示词，如图 3-19 所示。

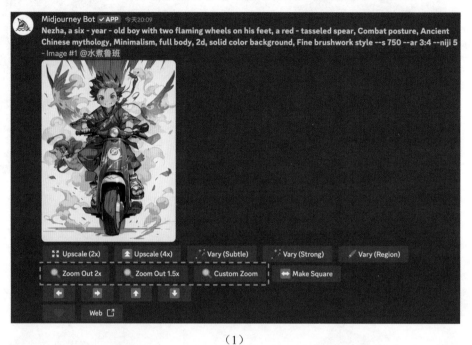

（1）

（2）　　　　　　　　　　　　　　　　　　（3）

图 3-19　对图像进行再次创作 4

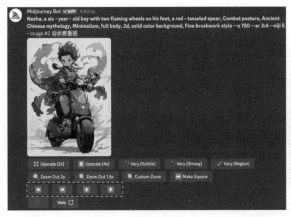

|（1）|（2）|

图 3-20　对图像进行再次创作 5

❺ **单击方向按钮←/→/↑/↓**：可以沿选定方向扩展画布的原始边界，而无需更改原始图像的内容。新扩展的画布将根据提示词和原始图像的指导进行填充（如需修改提示词，需先在 /settings 中开启 remix 模式），如图 3-20 所示。

3.2.3.5　什么是 Prompt（提示词）

Midjourey 的 Prompt（提示词）分为三部分：图像 URL、文字提示、参数。撰写好提示后，Midjoumney 会对其进行解释，生成图像，并将提示词中的单词和短语分解为更小的部分（称为标记），可以将其与 Midjourney 的训练数据进行比较，用于生成图像。精准设计的提示词有助于制作精美而又独特的图像。

（1）基本提示词

基本提示词可以是简单的单词、短语或表情符号。Midjourney 最适合用简单的句子来描述用户想要的内容，我们应尽量避免使用太长的提示词，如图 3-21 所示。

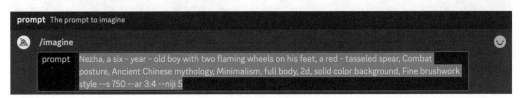

图 3-21　简单提示词示例

（2）高级提示词

更高级的提示词包含一个或多个图像 URL（图像的链接网址）、多个文字短语以及一个或多个参数，如图 3-22 所示。

❶ **图片提示：**可以将图像 URL 添加到提示中，它会影响最终结果的样式和内容。图像 URL 始终出现在提示词的前面。

❷ **文字提示：**对生成图像的文本描述。

❸ **参数：**参数可以改变图像的生成方式，比如比例、模型等。参数位于提示词末尾。

（3）提示词说明

❶ **长度：**提示词可以非常简单，一个单词就能生成一个图像。非常短的提示词将在很大程度上依赖于 Midjourney 的默认样式。如果想要画面更精细准确，更符合创作需求，提示词需要更具体。但是，具体不代表更长的提示词，而是需要准确的提示词。

❷ **语法：**Midjourney 不像人类可以理解语法、句子结构。例如，在很多情况下，使用更具体的提示词时不使用"big"，而是使用"gigantic""enormous"或"immense"。更少的单词意味着每个单词都有更强大的影响力。我们可以使用逗号、方括号和连字符来组织我们的创意。

❸ **使用集体名词：**可以尝试使用具体数字，如"Three cats"比"cats"更具体。也可以用"flock birds"代替"birds"。

图 3-22　高级提示词示例

④ **专注于我们想要的**：最好描述我们想要什么，而不是描述我们不想要什么。如果我们要一张没有红色的图像，可以使用 --no 参数进行提示。

⑤ **什么最重要**：我们根据想法去描述画面，遗漏的任何细节都将是随机的。由于描述得越模糊，生成的画面越多样，我们需要明确什么细节或背景最重要。以下列出了最重要的几种细节或背景。

主体描述：对人物、动物，或是某件物体的描述。

环境描述：画面的背景，或是时间和季节的描写。

风格描述：给画面加入你想要的风格，可以是材质艺术流派，或者直接把你喜欢的艺术家的名字写进去。

画质及参数的要求：比如图像的清晰度、画面比例等。

3.2.3.6　探索提示词

下面我们开始探索使用提示词。即使是简短的单个提示词也会在 Midjourney 的默认风格中产生特别的图像，我们可以结合艺术媒介、历史时期、地点等概念来创建更有趣的图像。

① **艺术媒介**：生成图像的最佳方法之一是指定艺术媒介。

提示词：A cross stitch style rabbit（一只十字绣风格的兔子），Cross stitch 可以替换为其他艺术媒介，如水彩、黑光绘画等，效果如图 3-23 所示。

【十字绣】　　　　　　　【水彩】　　　　　　　【黑光绘画】　　　　　　　【蓝晒法】

图 3-23　指定艺术媒介

② **精确的形容：** 更精确的单词和短语会让生成的图像更符合预期。

提示词：Loose sketch of a rabbit（一只兔子的松散的写生素描），Sketch 可以替换为其他词，效果如图 3-24 所示。

③ **年代：** 不同的年代预设会有不同的视觉风格。

提示词：17th century style rabbit（17 世纪风格的兔子），17th century 可以替换为其他年代，效果如图 3-25 所示。

④ **表情：** 使用表情词语会赋予人物或角色情绪和个性。

提示词：A happy little girl（一个快乐的小女孩），happy 可以替换为其他情绪，效果如图 3-26 所示。

⑤ **色彩：** 控制色彩，让画面更加符合预期。

提示词：Millennial Pink Dog（千禧粉红颜色的狗），Pink 可以替换为其他颜色，效果如图 3-27 所示。

　【写生】　　　　　　【松散的手势】　　　　　【连续线】　　　　　　　【炭笔】

图 3-24　精确的形容

　【1700s】　　　　　　　【1800s】　　　　　　　【1900s】　　　　　　　【2000s】

图 3-25　年代预设

【开心】　　　　　【惊讶】　　　　　【生气】　　　　　【悲伤】

图 3-26　表情设定

【粉色】　　　　　【绿色】　　　　　【蓝色】　　　　　【黄色】

图 3-27　颜色设定

【沙漠】　　　　　【雪山】　　　　　【溪流】　　　　　【森林】

图 3-28　环境设定

⑥ 环境：还可以设定不同的环境。

提示词：Dog in the Desert（在沙漠里的狗），Desert 可以替换为其他

环境，效果如图 3-28 所示。

3.2.3.7　Midjourney 的命令

我们可以通过输入命令与 Midjourney 进行互动。这些命令可以用于创建图像、更改默认设置、管理用户信息以及执行其他任务。

我们在输入框输入 / 即可调出命令列表，如图 3-29 所示。

图 3-29　调出命令列表

常用命令列表如表 3-1 所示。

表 3-1　常用命令

命令	说明
/imagine	想象：使用提示生成图像，这是核心功能
/describe	描述：根据用户上传的图像生成 4 个示例提示词
/shorten	缩短：缩短用户给的提示词
/blend	混合：根据用户上传的 2 至 5 张图像，生成一个新图像
/settings	设置：修改设置、系统参数
/prefer suffix	首选项后缀：指定要添加到每个提示末尾的后缀
/prefer option set	首选项设置：创建或管理自定义选项
/prefer option list	首选项列表：查看当前存在的自定义选项列表
/relax	切换到慢速模式
/fast	切换到快速模式

续表

命令	说明
/turbo	切换到涡轮模式（速度是快速模式的 4 倍）
/public	切换到公开模式
/stealth	切换到私人创作模式，作品不在公开区域显示
/show	展示：发送图像的 ID，使其在 Discord 中重新生成图像
/info	信息：查看有关用户的账户以及排队/运行中的信息
/userid	用户 ID：可以获取自己的用户 ID
/ask	询问：可以问一些关于 Midjourney 的问题
/help	帮助：获得操作帮助

（1）/describe 命令详解

/describe（描述）：根据用户上传的图像生成 4 个提示词。

如图 3-30 所示，首先在输入框中输入 /describe，然后上传图片（如图 3-31 所示），即可生成 4 个提示词，供我们挑选。

图 3-30　输入 /describe

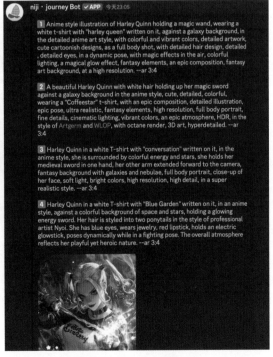

图 3-31　上传图片

从以下这组案例中，我们可以看出使用Midjourney给的提示词，元素基本能还原，但是在绘画媒介和风格上还有差异。因此，我们不能完全按照Midjoumey生成的提示词来创作，还需要融入我们自己的经验，在原来的提示词基础上加入绘画媒介watercolors（水彩），如图3-32所示。

【原图】

【根据第3个提示词生成的图】

【加入水彩元素后】

图3-32　提示词生成与绘画媒介的加入

（2）/shorten 命令详解

/shorten（缩短）可以帮我们精简提示词。Midjourney 将提示词分解更小的单位（称为标记）。这些标记可以是短语、单词，甚至是音节。Midjourney 将这些提示词转换成它可以理解的格式，以便生成更符合用户期望的图像。

当我们的提示词过长，不利于 Midjourney 解读时，可以利用 /shorten 命令分析，筛选出提示词中最准确、最易解读的单词，使每个单词更具影响力，并删除不必要的单词。

如图 3-33 所示，先在输入框中输入 /shorten，然后把我们冗长的提示词发给 Midjourey。它就能生成 5 个提示词供我们挑选。提示词中最重要的标记以粗体突出显示，最不重要的标记以删除线显示。

（1）使用 /shorten 命令

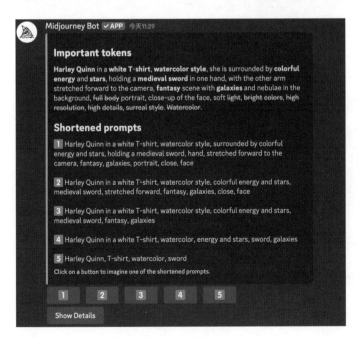

（2）精简提示词

图 3-33

使用 /shorten 命令精简提示词

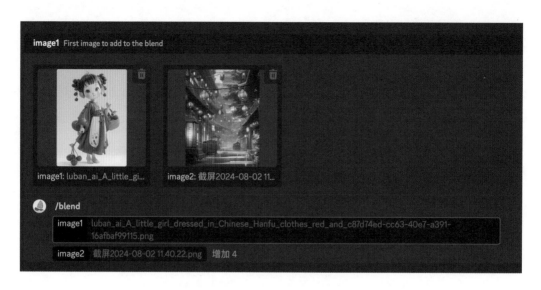

图 3-34　使用 /blend 命令

图 3-35　合成新图像

（3）/blend 命令详解

/blend（混合）：该命令允许我们先上传 2~5 张图像，然后根据每个图像的概念和美感，将它们成一个新图像。混合图像的默认长宽比为 1：1，我们可以根据需求调整为 2：3 或 3：2。

如需将 5 张以上的图像混合，可以使用 /imagine 命令输入图像链接。

如图 3-34 所示，先在输入框输入 /blend，然后上传 2 张图像，即可合并成新的图像，如图 3-35 所示。

（4）/settings 命令详解

/settings（设置）：该命令提供了常用选项的设置按钮，设置成功后就变成了默认值，例如选择模型版本、风格化、速度等。需要注意的是，添加到提示末尾的参数，将覆盖设置中的选择。

如图 3-36 所示，在输入框输入 /setings，即可调出设置面板。

我们可以通过图 3-37 中的两个选项，设置高变化或低变化模式，设置完成后，当使用图像网格下方的按钮 V1/V2/V3/V4 时（如图 3-38 所示），就会用我们设置的变化模式生成图像。High Variation Mode 相当于 Vary（Strong），Low Variation Mode 相当于 Vary（Subtle）。

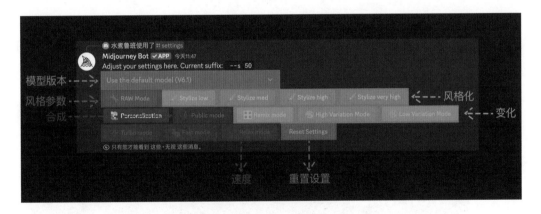

图 3-36　使用 /settings 命令

图 3-37　设置变化模式

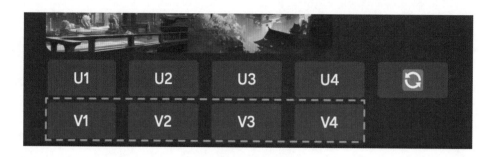

图 3-38　生成图像

（5）/prefer 命令详解

/prefer suffix（首选项后缀）：指定要添加到每个提示词末尾的后缀。

/prefer option set（首选项设置）：创建或管理自定义选项。

/prefer option list（首选项列表）：查看我们当前的自定义选项。

/prefer suffix 的基本使用方法如下。

第一步： 先在输入框中输入 /prefer suffix，然后输入需要的参数 ––ar2:3，确定发送，即可创建成功，如图 3-39 所示。

图 3-39　使用 /prefer suffix 命令

第二步： 在生成图像时，系统会自动加上刚刚创建的后缀，如图 3-40 所示。

图 3-40　自动加入后缀

注意事项：

❶ 后缀仅限"参数"的设置，可以设置多个参数，例如 --ar 2:3。

❷ 首选项后缀设置成功后，每次生成图像时都会自动添加。

❸ 如需取消，需使用 /settings 命令，并选择 Reset Settings 清除首选项后缀。

/prefer option set 的基本使用方法如下。

在我们的实际工作中，有各种不同的需求，比如 banner（横幅）、图标、海报等。同类需求的基本要求可能都一样，这时候，就可以把通用的参数打包成一个，方便使用。

第一步：在输入框中输入 /prefer option set，在 option 后面命名一个参数集合的名称，在 value 后面写上我们需要的参数集合，如图 3-41 所示。

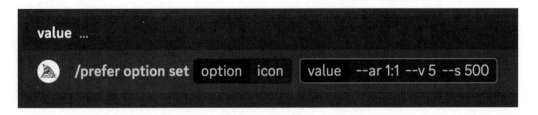

图 3-41　使用 /prefer option set 命令

图 3-42　加入参数集合名称

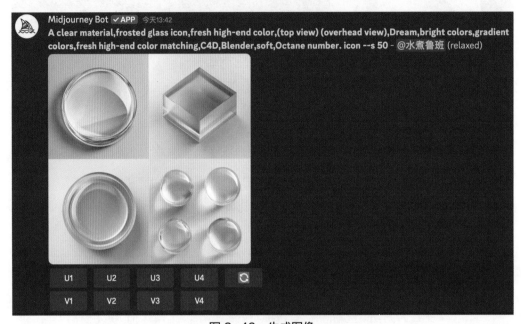

图 3-43　生成图像

第二步： 在提示词末尾写上我们的参数集合名称即可，如图 3-42 所示。

第三步： 在生成图像时，该名称下面的参数集合会自动添加，如图 3-43所示。

> 注意事项：
>
> ❶ 后缀仅限"参数"的设置，可以同时设置多个参数，例如 --ar2:3。
>
> ❷ 如需删除，需使用 /prefer option set 命令，选择首选项名称，并删除其名下所有的参数即可。

/prefer option list 的基本使用方法如下。

在输入框中输入 /prefer option list，发送后，即可看到我们创建的所有的首选项，如图 3-44 所示。

图 3-44　使用 /prefer option list 命令

（6）/show 命令详解

/show（展示）：我们可以使用该命令将生成的图像（带有唯一的 ID）移动到另一个服务器，并恢复图像。ID 是 Midjourney 生成的每个图像的唯一标识符。

查找 ID 通常有四种方法，简述如下。

第一种方法：在 Midjourney 官网上，按照如图 3-45 的方式复制 ID。

第二种方法：查看图片大图时，在网址末尾可以查看 ID，如图 3-46 所示。

图 3-45　官网复制 ID

图 3-46　查看图片大图查找 ID

第三种方法： 单击信封表情符号，即可收到一条包含 ID 的私信，如图 3-47 所示。

第四种方法： 把图片保存到本地后，在文件名称末尾可以查看 ID，如图 3-48 所示。

恢复我们的项目可以采用下述方法。

如图 3-49 所示，先在输入框中输入 /Show，再粘贴我们找到的 ID，发送后，即可恢复图像，我们可以对其进行再创作。

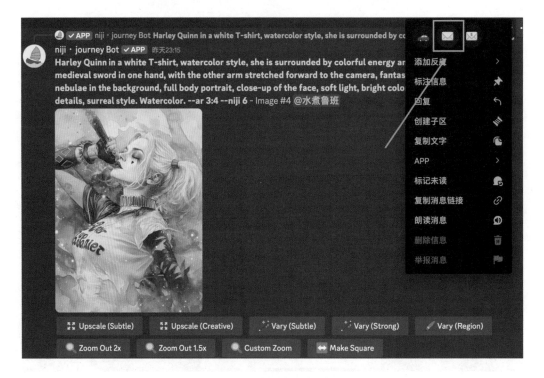

图 3-47　获取包含 ID 的私信

图 3-48　文件名称末尾查看 ID

job_id The job ID of the job you want to show. It should look similar to this:...

/show job_id b0217c9a-90eb-4e75-9587-a211ed704412

图 3-49　恢复图像

3.2.4　Midjourney 的参数

Midjoumey 的参数是指添加到提示词末尾处的一组提示，它可以用于更改图像的生成方式，还可以更改图像的长宽比、模型版本、风格等。

3.2.4.1　常用参数

如图 3-50 所示，提示词末尾就是参数。

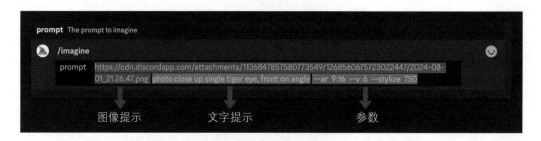

图 3-50　参数

常用参数如表 3-2 所示。

表 3-2　常用参数

参数	取值范围	示例	说明
--version/ --v(版本模型)	1、2、3、4、5、5.1、5.2	--v 5.2	版本：设置模型版本
--niji(动漫模型)	4、5	--niji	版本：设置动漫模型版本
--aspect/--ar(比例)	2:3、16:9 等	--ar2:3	比例：生成图像的比例
--chaos/--c(混乱)	0 ~ 100	--c50	混乱：设置生成图像结果的变化程度。数值越高，生成的结果越不寻常和意想不到
--quality/--q(质量)	0.25、0.5、1	--q0.5	质量：设置生成图像的质量，参数值越高，消耗的时间越长、生成的图像细节越多
--repeat/--r(重复)	2 ~ 40	--r4	重复：是指同一个提示重复运行的次数

续表

参数	取值范围	示例	说明
--style(风格)	v5.1、v5.2:raw niji:cute、expressive、original、scenic	--style raw	风格：该参数能取代某些模型版本的默认美感。可以帮助我们创建不同风格的图像、电影场景或更可爱的角色等
--stylize/--s(风格化)	0 ~ 1000	--s 100	风格化：参数值越高，生成的图像艺术化越强
--weird/-w(怪异)	0 ~ 3000	-w250	怪异的：探寻独特的美学
--no(不要)	不限	--no red	不要：在生成结果中不要出现某个元素，比如 --no red，不要在图像中出现红色
--tile(瓦片)	/	--tile	瓦片：添加参数后可以创作出重复的、无缝衔接的图像。比如织物、壁纸和纹理
--iw(图像权重)	0 ~ 2	--iw1	图像权重：数值占比越大，图像提示的权重越高，默认值为 1
--seed(种子)	0 ~ 4294967295	--seed 12456789	种子：种子数是为每个图像随机生成的，也可以使用 --seed 参数指定。使用相同的种子和提示将产生相似的图像
--video(视频)	/	--video	视频：把图像的生成过程制作成视频，仅限生成图像网格时使用
--stop(停止)	10 ~ 100	--stop 80	停止：在某个百分比时停止生成，将会产生更模糊的结果
--relax(慢速)	/	--relax	慢速：使用慢速模式运行
--fast(快速)	/	--fast	快速：使用快速模式运行
--turbo(涡轮)	/	--turbo	涡轮：使用涡轮模式运行（速度是快速模式的 4 倍）

参数默认值（V5、V5.1、V5.2）如表 3-3 所示。

模型版本和参数的兼容性如表 3-4 所示。

表 3-3　参数默认值

参数	比例	混乱	质量	种子	停止	风格化
默认值	--ar 1:1	--c 0	--q 1	随机的	--stop100	--s 100

表 3-4　模型版本和参数的兼容性

参数	是否影响初始网格图像	是否影响变体 + 合成（remix）	版本：5、5.1、5.2	版本：4	版本：Niji 5
--aspect/--ar（比例）	√	√	所有	1:2/2:1	所有
--chaos/--c（混乱）	√		√	√	√
--quality/--q（质量）	√		0.25、0.5、1	0.25、0.5、2	0.25、0.5、3
--repeat/--r（重复）	√		√	√	√
--style（风格）			仅限 5.1、5.2	4a\4b	cute, expressive, original, scenic
--stylize/--s（风格化）	√		0 ~ 1000、默认为 100	0 ~ 1000、默认为 101	0 ~ 1000、默认为 102
--weird/--w（怪异）	√		√		√
--no（不要）	√	√	√		√
--tile（瓦片）	√	√	√		
--iw（图像权重）	√		0.5 ~ 2、默认为 1		0.5 ~ 2、默认为 1
--seed（种子）	√		√	√	√
--video（视频）	√		√		√
--stop（停止）	√	√	√	√	√

注："√"表示版本兼容，数字表示可取值范围。

3.2.4.2　版本参数详解

Midjoumey 会定期发布新模型版本，以提高效率、一致性和质量。默认使用最新模型，可以通过 /settings 命令选择模型版本，或在提示末尾添加参数 --V。每个模型都擅长生成不同类型的图像。

Midjourney V6.1 模型是其当前（2024 年 8 月）最新、最先进的模型，于 2023 年 12 月发布。该模型可生成更详细、更清晰的结果，以及更好的颜色、对比度和构图。与早期模型版本相比，它对提示的理解更好，并且对整个 --stylize 参数范围的响应更加灵敏。

图 3-51 是模型版本 V4 和 V6 的对比，从中可以看出，V6 在笔触、光影、精致度等方面都有了很大的提升。

【V4】　　　　　　　　　　　　　　　【V6】

图 3-51　V4 和 V6 模型对比

【V4】

【V6】

图 3-52　Niji 模型 V4 与 V6 对比

图 3-52 是 MJ-Niji 模型版本 V4 和 V6 的功比，Niji 模型是 Midjourney 和麻省理工的团队 Spellbrush 共同打造，旨在生成动漫风格的图像。从对比中可以看出，V6 在光影和精致度上都有了很大的提升，但是 V4 的风格也是别有一番特色，我们可以根据自己的需来去选择模型，其他模型就留着我们实操的时候再去探索吧。

3.2.4.3　比例参数详解

--ar 比例参数可以控制生成图像的比例，用冒号分隔。例如 2：3，是指图像的宽度与高度之比。模型默认比例是 1：1。如图 3-53 所示。

【3:2】

【5:4】

【16:9】

图 3-53

【1:1】

【2:3】

【4:5】

图 3-53　比例参数示例

3.2.4.4　混乱参数详解

--C混乱参数可以影响初始图像网格的变化程度。参数值越低，生成的4张图的相似度越高，出图结果越稳定、越可靠；参数值越高，生成的4张图的差异越大，出图结果越不寻常和意想不到。混乱参数的取值范围为0～100，默认为0。

如图3-54所示，提示词是"Cute puppy, big eyes, chubby body, soft fur.（可爱的小狗，大眼睛，胖乎乎的身体，柔软的皮毛）"，左图混乱参数是0，图像比较符合提示词的描述，4张图的相似度很高。右图混乱参数是90，生成的图像非常的独特，也偏离了提示词的描述，4张图的差异性非常大。

【--c 0】　　　　　　　　　　　　　　　　　　　　【--c 90】

图3-54　混乱参数示例

3.2.4.5 质量参数详解

--q 质量参数可以设置生成图像的质量，参数值越高，消耗的时间越长、生成的图像细节越多。参数值越高并不一定效果越好。有时，较低的参数值可以产生更好的结果，这取决于我们想要的图像。较低的参数值更适合抽象的图像。较高的参数值可以有更多的细节。质量参数默认为1。

参数值有3种：0.25、0.5、1。其中0.25可以简写为.25，0.5可以简写为.5。如图3-55所示，提示词是"A lily, watercolor（一枝百合花、水彩）"，从左到右的参数值分别是0.25、0.5、1，可以看出图像的精致度越来越高。但是，有时候较低的质量参数也会有特别的效果。

【--c .25】

【--c .5】

【--c 1】

图3-55 质量参数示例

3.2.4.6 --style 风格参数详解

--style 风格参数是对默认模板的一个扩展，该参数能取代某些模型版本的默认美感。添加风格参数可以帮助我们创建不同风格的图像。

如图 3-56 所示，可以看出开启风格参数后，就能减少默认模型的细节，非常适合用来做简约的图标。

【Little yellow duck icon --v 5.2】

【Little yellow duck icon --v 5.2 --style raw】

图 3-56　风格参数示例

上面我们使用的风格参数是模型版本 5.2 和 5.1 中的 --style raw。--style raw 使用了另一种替代模型，因为该模型制作的图像减少了自动美化处理，所以当我们想要生成结果更符合我们的提示词，或者想要特定的风格时，更适合使用该替代模型。

左侧小黄鸭生成的图像非常真实和精致，但是不符合我们的需求，我们要的是图标。右图增加了参数 --style raw，该参数减少 Midjoumey 默认的美感和细节，生成的图像和我们的需求更加匹配。

Niji 模型 V5 有 4 个风格参数。每个参数都有自己不同的风格和适用场景，具体介绍如下：

--style original 使用 Niji 模型原始风格，即 Niji V5 版本。

--style cute 创造迷人可爱的角色、道具和场景。

--style expressive 为创造更富有表现力、更精致风格的插画。

--style scenic 在奇幻的背景下创作美丽的场景和电影人物。

我们对比一下这几种风格的呈现效果，如图 3-57 所示。

【--niji 5】

【--style original -- niji 5】

【--style cute --niji 5】

【--style expressive -- niji 5】　　　　　【--style scenic --niji 5】

图 3-57　Niji V5 的 4 种风格参数

图 3-58　点亮 RAW Mode 参数

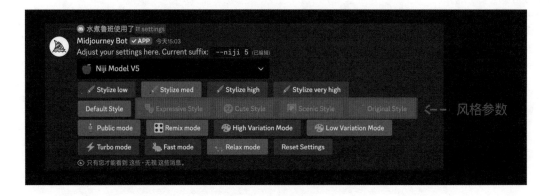

图 3-59　风格参数设置

使用风格参数除了在提示词末尾加上 --style xx，我们还可以使用命令参数 /settings 去设置默认值。

在 V5.1 和 V5.2 模型版本中，点亮 RAW Mode 即可开启风格参数，生成图像时，会自动在提示词后面加上参数 --style raw。风格参数开启后就可以减少 Midjoumey 默认的美感和细节，如图 3-58 所示。

Niji 模型 V5 版本的风格参数设置，如图 3-59 所示。

3.2.4.7　风格化参数详解

--s 风格化参数可以生成具有艺术色彩的构图。低风格化值生成的图像与提示更匹配但艺术性较差；高风格化值生成的图像非常艺术，但与提示的联系较少。风格化参数的取值范围为 0~1000，默认值为100。

如图 3-60 所示，提示词是 "A little bear sitting in the forest playing the piano, happy（一只小熊坐在森林里弹琴，开心）"，我们可以看出，随着风格化参数值越来越高，画面的精致度也越来越高，画面也增加了提示词不曾描述的很多细节。

图3-60　风格化参数示例

图 3-61　使用命令参数设置默认值

风格化参数除了在提示词末尾加上 --s，我们还可以使用命令参数 / settings 去设置默认值，如图 3-61 所示。Stylize low 等于 --s 50，Stylize med 等于 --s 100，Stylize high 等于 --s 250、Stylize veryhigh 等于 --s 750。

3.2.4.8　怪异参数详解

--W 怪异参数可以探寻独特的美学，参数越高越怪异。此参数为生成的图像引入了古怪和另类的品质，从而产生独特和意想不到的结果。怪异化参数的取值范围为 0～3000，默认为 0。

图 3-62 中的提示词是 "Clockwork puppy（发条装置的小狗）"，可以看出，随着怪异参数值越来越高，画面也变得越来越奇怪。

【--w 0】

【--w 250】

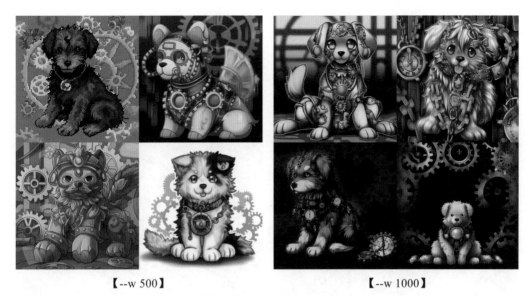

【--w 500】　　　　　　　　　　　　【--w 1000】

图 3-62　怪异参数示例

3.2.4.9　不要参数详解

--no 不要参数是指在生成结果中不要出现某个元素。

如图 3-63 所示，提示词是 "A bouquet of beautiful flowers（一束美丽的花）"，左图为正常生成的图像，图像中有各种各样的颜色。右图是增加了参数 --no red 生成的图像，就没有红色了。

【A bouquet of beautiful flowers】　　　【A bouquet of beautiful flowers --no red】

图 3-63　不要参数示例

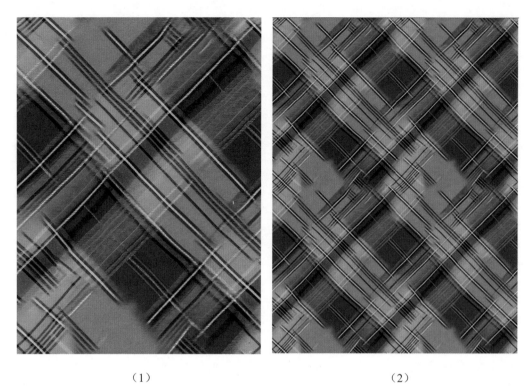

（1）　　　　　　　　　　　　　　（2）

图 3-64　瓦片参数示例

3.2.4.10　瓦片参数详解

--tile 瓦片参数可以创作出重复的、无缝衔接的图像，比如织物、壁纸和纹理。适用于模型版本 1、2、3、test、testp、5、5.1 和 5.2。--tile 只生成一个图块，我们可以使用"无缝图案检查器"等图案制作工具来查看图片的重复情况。

如图 3-64 所示，左图是正常生成出来的图像。平铺左图就能得到右图无缝衔接的图案。

3.2.4.11　种子参数详解

--seed 种子参数的值是为每个图像随机生成的，也可以使用 --seed 参数指定。使用相同的种子和提示将产生相似的图像，所以，为了保持画面的一致性，我们经常使用相同的 --seed 参数值和提示。使用方法如下。

第一步：生成自己满意的图像，如图 3-65 所示。

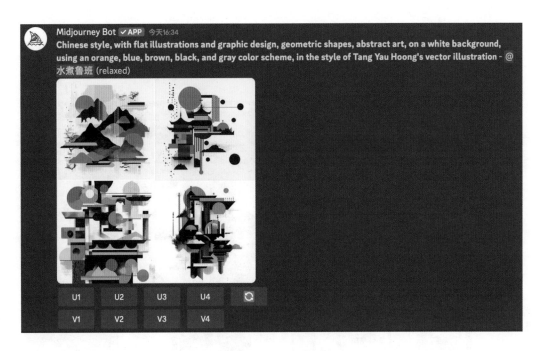

图 3-65　生成图像

第二步：单击 envelope 符号，即可让 Midjourney 把 --seed 参数值私信发给我们，如图 3-66 所示。

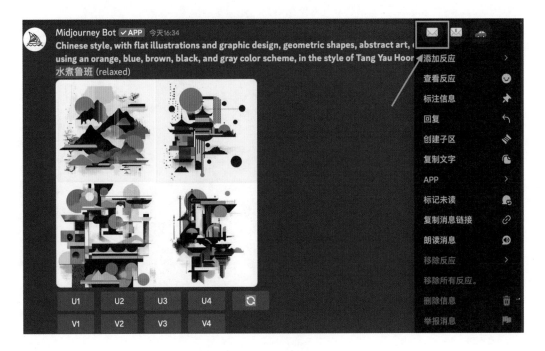

图 3-66　发送参数值

第三步：在私信中找到这张图像的 --seed 参数值，如图 3-67 所示。

第四步：使用命令 /imagine 生成新的场景，提示词尽量保持一致，并在提示词末尾添加 --seed 参数值，如图 3-68 所示。

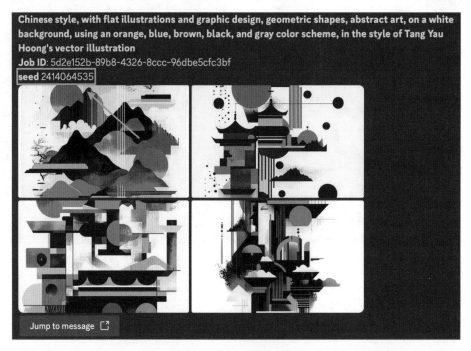

图 3-67　找到参数值

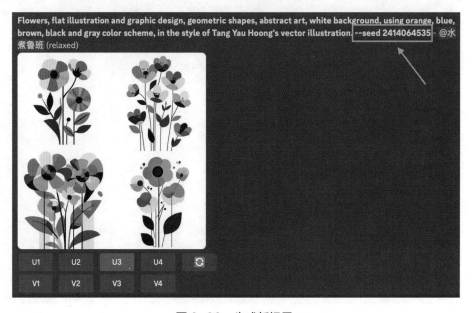

图 3-68　生成新场景

图 3-69　放大对比图像

　　第五步：我们放大对比一下这两次生成的图像，还是可以从中看出，相似度是非常高的，如图 3-69 所示。

注意事项：

❶ --seed 参数值接受 0 ~ 4294967295 的整数。

❷ --seed 参数值仅对初始生成的图像网格有效。

3.2.5　Midjourney 的高级提示

　　前面学习了 Midjourney 的命令和参数。现在，我们将进一步学习 Midjourney 的高级提示，其中包括图像提示和权重提示等内容。

3.2.5.1　图像提示

　　提示组成部分包含图像 URL（图像链接）、文字及参数。前面我们已经讲了文字提示和参数，这里重点讲一下图像提示。图像作为提示的一部分，可以影响生成图像的构图、风格和颜色等。图像提示可以单独使用，也可以与提示词一起使用，如图 3-70 所示。

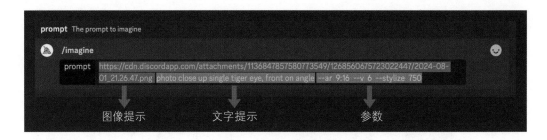

图 3-70　提示的组成

　　我们通常在两种情况下使用图像提示。第一种： 将不同风格的图像组合起来，以获得意想不到的结果（生成结果与 /blend 混合命令一样，使用方法可参考本书 3.2.3./blend 命令详解）。**第二种：** 希望生成的图像能与图像提示的构图、风格等保持一致。本小节我们重点讲解第二种情况。

　　使用步骤如下。

　　第一步： 将参考图像上传到 Discord，上传成功后，复制图像的链接，如图 3-71 所示。

图 3-71　图像上传

　　第二步：将图像 URL 添加到提示中，并添加需要的提示词"A girl holdingflowers and wearing Hanfu（一个穿汉服拿着花的女孩）"，如图 3-72 所示。

　　第三步：生成图像。

　　我们对比一下提示图像和生成的图像，可以看出，生成图像的构图、风格和颜色都和提示图像非常相似，如图 3-73 所示。

图 3-72　添加提示词

图 3-73　提示图像与生成图像对比

注意事项：

① 图像提示位于提示的最前面。

② 提示必须包含两张图像或一张图像和文本才能起作用。

③ 图像 URL 必须是在线图像的直接链接。

④ 我们的文件应以 .png、.gif、.webp、.jpg 或 .jpeg 结尾。

3.2.5.2　图像权重参数

--iw 图像权重参数可以用来调整提示中图像的重要性。值越高意味着图像提示对生成图像的影响越大。图像权重的参数取值范围为 0~2，默认为 1。

如图 3-74 所示，我们可以在提示词末尾加上 --iw 参数。

在图 3-74 所示生成的图像中，我们除了图像提示，还增加了提示词"A girl with Flower（一个戴着花的女孩）"，使用的是 Niji V5 模型。当参数为 --iw 0 时，意味着生成的结果对图像提示的参考较小；当参数为 --iw 2 时，意味着生成的结果对图像提示的参考较大。从图 3-75 对比中，我们也可以看到随着 --iw 的参数越高，生成的结果也越来越像图像提示了，包括人物色调、发型、背景等，也意味着提示词对生成结果的影响越来越小；当参数为 --iw 2 时，甚至连提示词中的花都没有了。

图 3-74　加上 --iw 参数

【图像提示】

【--iw 2】

【--iw 1】

【--iw 0】

图 3-75 图像提示对比

3.2.5.3　权重提示

：：双冒号是指权重提示符号，添加后可以单独解析提示的每个部分。例如，"Strawberry cheese cake"可以解析为"草莓芝士蛋糕"的图像。如果添加权重提示符号Strawberry::cheese cake后，可以将提示分为两部分，解析为"草莓和芝士蛋糕"。效果如图3-76所示。

【Strawberry cheese cake】

注意事项：

❶ 权重提示符号可以在双冒号后加数值，值越高表示权重越高，默认值为1。

❷ 权重提示符号 :: 和 --no 参数有部分相同之处。例如：fields--no red=fields:red::-5。

【Strawberry:: cheese cake】

图 3-76　权重提示示例

3.2.5.4　合成模式

开启 remix 模式：

使用 /settings 命令调出设置面板，单击 remix mode，变绿意味着
remix 模式已开启，如图 3-77 所示。

remix 的使用场景包括生成图像的四格图和大图下方的功能按钮，分别如
图 3-78 和图 3-79 所示。

图 3-77　开启 remix 模式

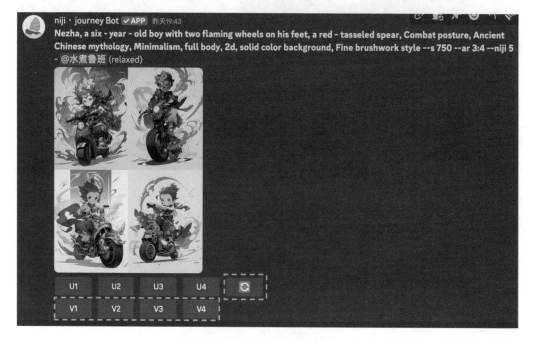

图 3-78　生成四格图

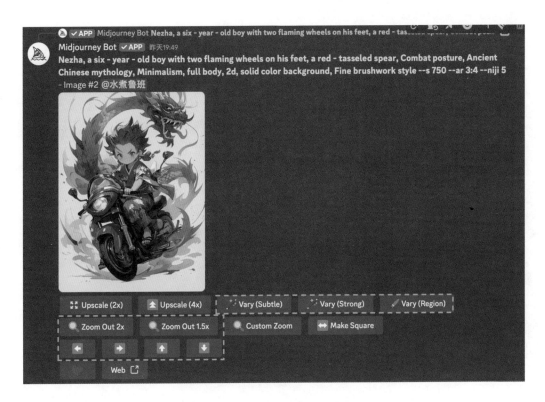

图 3-79　生成大图下方功能按钮

对于已经生成的四格图，
我们可以利用 remix 模式修改
或新增提示词，使其根据新的
提示词再次生成。步骤如下。

第一步：单击四格图下方
的 V4，即可调出编辑弹窗，
在弹窗中增加提示词"With
flames behind（背后有火
焰）"，如图 3-80 所示。

（1）　　　　　　　　　　　　　　　　　（2）

图 3-80　增加提示词

【原图】

【修改后的图像】

图 3-81　生成新图像

第二步：单击提交后即可生成符合新的提示词的图像，如图 3-81 所示。

下面讲解如何使用 remix+vary（Region）。

图 3-82 中有我们生成的一张比较满意的图像，现在的需求是把图中的小路变成河流。

第一步：单击大图下方的 Vary（Region），即可调出编辑弹窗，如图 3-82 所示。

第二步：在编辑弹窗中用矩形或套索工具圈出我们需要修改的部分，并修改提示词，先把 path（小路）变成 creek（小溪），然后再单击右下方的生成按钮即可，如图 3-83 所示。修改后的图像与原图对比如图 3-84 所示。

图 3-82　调出编辑弹窗

图 3-83　修改提示词

【原图】

【修改后的图像】

图 3-84
生成新图像与原图对比

3.2.5.5　排列提示

排列提示允许我们使用单个提示批量生成多个图像。提示中不一样的地方，我们要把它们放在大括号 { } 中，并且用逗号隔开。

如图 3-85 所示，我们的提示词是：a bouquet of { sunflowers, yellow roses, carnations } flower。可以解析为以下 3 个提示：a bouquet of sunflowers flower（一束向日葵花）、a bouquet of yellow roses flower（一束黄玫瑰花）、a bouquet of carnations flower（一束康乃馨花）。

生成的图像如图 3-86 所示。

（1）排列提示

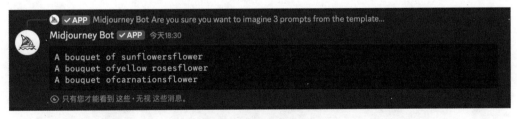

（2）排列提示解析

图 3-85　排列提示示例

【A bouquet of sunflowers】

【A bouquet of yellow roses】

【A bouquet of carnations】

图 3-86　生成的图像

小结

Midjourney 作为一款 AI 绘画工具，在画面构图、色彩及细节处理方面表现堪称完美，艺术性极高。它提供了一系列的命令和参数，能让我们更好地把控画面，进而提升工作效率。虽然存在诸如无法在图像上加文字、可控性欠佳等缺陷，但这款软件仍是强大的工具。不管是艺术家、游戏美术设计师，还是其他有绘画需求的专业人士，只要掌握该软件的使用方法，都能轻松创作出令人惊叹的作品，大大提高了工作效率。

Midjourney 潜力巨大，伴随技术的持续发展和用户反馈的不断积累，开发团队正在持续优化软件的功能和用户体验。我们可以期待他们增添生成文字的功能，同时优化画面控制的命令和参数，使其更直观灵活，以满足不同用户的需求。

本章至此，我们已学会如何使用 Midjourney，下面，我们将正式迈入 AI 绘画的游戏应用环节，从游戏界面 UI 设计、角色设计与场景构建、游戏宣传材料的创作、美术资源的批量生成等方面深入探究，让 AI 绘画助力我们更高效地创作，提升设计作品的质量与效果。

3.3

创意启程：Midjourney 在游戏美术设计中的多元应用

3.3.1 如何进行游戏界面 UI 设计

Midjourney 能够显著提升游戏界面 UI 设计的效率和创新性。游戏美术设计师通过输入描述性文本提示，即可快速生成游戏 UI 的概念图，从而迅速把握设计想法的视觉效果。它使得风格探索变得简单，支持从现代到复古、从科幻到卡通等多种艺术风格，帮助设计师探索和确定游戏 UI 的美学方向。

此外，Midjourney 还能够根据文本提示生成游戏 UI 所需的特定元素，如按钮、图标、菜单等，为布局草案和配色方案的制定提供支持。设计师可以利用这些生成的草图进行迭代优化，将 AI 的创意与专业设计技能相结合，打造出既直观又吸引人的游戏界面。

示例 1:
一个宝石风格的游戏 UI（生成图像如图 3-87 所示）

提 示 词: The game interface UI design of the character selection screen features cartoon style and many gem icons, with various gems arranged in rows on both sides of it. The background is dark purple fantasy scene. It has multiple color options for details such as gold yellow, orange red, green blue, etc., which can be used to highlight different types or sizes of jewels. There should also be buttons below each jewel that capture their unique characteristics. --ar 128:71 --s 400 --niji 6

翻译: 游戏人物选择界面的 UI 设计以卡通风格为主，宝石图标较多，两侧排列着各种宝石，背景为深紫色的奇幻场景，细节部分有金黄色、橙红色、绿蓝色等多种颜色可选，可以突出不同类型或大小的宝石，每颗宝石下方还应有按钮，以体现宝石的独特之处。--ar 128:71 --s 400 --niji 6

图 3-87　生成宝石风格游戏 UI

示例 2：
中世纪魔法风格 UI 设计（生成图像如图 3-88 所示）

提示词： UI Design of the game interface is in the European medieval style. UI elements include buttons and fields for character selection and magical kingdom theme. The UI color scheme is in purple tones with orange accents in the style of Ben V. Object elements are on screen. There is also an avatar at the bottom left corner. The title "Dusa C perdus" appears above the top bar along with icons representing different storylines such as Magic Girl and Monster-hunters. --ar 128:71

翻译： 游戏界面的 UI 设计采用欧洲中世纪风格。UI 元素包括用于选择角色和魔法王国主题的按钮和字段。UI 配色方案采用紫色色调，带有 Ben V 风格的橙色点缀。屏幕上有对象元素。左下角还有一个头像。标题"Dusa C"出现在顶部栏上方，还有代表不同故事情节的图标，例如魔法少女和怪物猎人。--ar 128:71

图 3-88　生成中世纪魔法风格 UI

3.3.2　如何进行游戏角色设计

Midjourney 在游戏角色设计领域的应用极为广泛，能够帮助设计师快速将概念转化为视觉图像，极大地加速了角色设计的概念开发过程。通过输入详尽的文本提示，设计师可以探索从古典到现代、从现实到科幻等多样化的艺术风格，为角色设计提供丰富的视觉参考。

Midjourney 不仅能帮助细化角色的服装、装备和其他设计细节，还能通过不同情感和表情的展现，让角色更加生动。此外，通过指定动作或姿态，设计师可以获得角色的动态图像，为角色的动画和游戏内表现提供初步构思。

示例 1：
鬼灭之刃游戏风格角色设计（生成图像如图 3-89 所示）

提示词： The character Kamado Nezuko from Demon Slayer, full body, generate three views, namely the front view, the side view and the back view, character turnaround concept art, art style of anime demon slayer, 2d game art, simple background, natural light, best uality, 3d rendering, blender, OC rendering. --s 250 --niji 6 --ar 4:3

翻译：《鬼灭之刃》中的角色 Kamado Nezuko，全身，生成三个视图，即正面视图、侧面视图和背面视图，角色转身概念艺术，动漫《鬼灭之刃》的艺术风格，2D游戏艺术，简单背景，自然光，最佳质量，3D渲染，混合器，OC渲染。--s 250 --niji 6 --ar 4：3

图 3-89　鬼灭之刃游戏风格角色设计

示例 2：
可爱复古国风角色设计（生成图像如图 3-90 所示）

提示词： A cute little boy, Taoist priest, cyberpunk character, Qing Dynasty clothing, chibi, LED, pop mart blind box, clay material, bright background, 3d art, Pixar trend, surreal, octane rendering, ray tracing, complex details, animation lighting, movie lighting, volume light, 8k. --ar 3:4 --s 250 --niji 6

翻译： 一个可爱的小男孩，道士，赛博朋克人物，清朝服装，可爱卡通，LED，流行市场盲盒，黏土材料，明亮的背景，3D 艺术，皮克斯趋势，超现实主义，辛烷值渲染，光线追踪，复杂细节，动画照明，电影照明，体积光，8k。--ar 3:4 --s 250 --niji 6

图 3-90　可爱复古国风角色设计

示例 3：
宇航员小猫角色设计（生成图像如图 3-91 所示）

提 示 词： The cat astronaut is wearing a glass hat and standing in front of a clean background. The detailed character design, holding a weapon, generates three views:front view, left view and back view. The whole body is visible, cartoon IP style, full of technology. The color scheme is soft, and the background is a pure background rendered by studio lighting Octane Render. Made with 3D modeling software C4D, using ultra-high quality Ultra HD 8K resolution, it is as exquisite as Pixar animation. Cat astronaut, cartoon IP style, sense of technology, glass hat, weapon, view, 3D modeling, C4D, ultra HD 8K, Pixar animation. --ar 3:4

翻译： 猫宇航员头戴玻璃帽，站在干净的背景前。细致的角色设计，手握武器，生成正面、左面、后面三视图。全身可见，卡通 IP 风格，科技感十足。配色柔和，背景为工作室灯光 Octane Render 渲染的纯净背景。使用 3D 建模软件 C4D 制作，采用超高品质 Ultra HD 8K 分辨率，堪比皮克斯动画的精致。猫宇航员，卡通 IP 风格，科技感，玻璃帽，武器，视图，3D 建模，C4D，超高清 8K，皮克斯动画。--ar 3:4

图 3-91　宇航员小猫角色设计

3.3.3　如何进行游戏场景构建

Midjourney 能够根据用户输入的文本描述快速创造出视觉图像，这一功能在游戏场景构建中尤为有效。设计师可以利用 Midjourney 快速生成场景概念图，基于文本提示快速生成与描述相符的场景图像，这极大地加速了设计初期的概念生成过程。还可以通过文本提示探索不同的艺术风格和环境设置，如自然风光、城市景观或科幻世界。

AI 生成的图像不仅提供了丰富的细节，如植被、地形和建筑物，还能够帮助设计师捕捉场景的情感和氛围，从而传达宁静、神秘或紧张的感觉。其能够适应多样化的场景设计需求，满足不同类型游戏和故事背景。此外，Midjourney 的动态元素设计功能可以为场景增添流水、飘动的云彩等动态效果，进一步增强场景的真实感和吸引力。

示例 1：
炉石传说风格游戏场景设计（生成图像如图 3-92 所示）

提 示 词：2d game battle arena background topview, hearthstone, portrate. --s 400 --niji 6

翻译：2D 游戏战场背景顶视图、炉石传说、肖像。--s 400 --niji 6

图 3-92 炉石传说风格游戏场景设计

示例2:

皇室战争风格游戏场景设计(生成图像如图3-93所示)

提示词: garden design for game overcooked,Game casual, Clash Royale style, blender, environnement design,low poly, nintendo, soft color. --niji 5 --style expressive --ar 4:3

翻译: 游戏 overcooked 的花园设计,游戏休闲,皇室战争风格, blender,环境设计,低多边形,任天堂,柔和的色彩。--niji 5 -- 风格富有表现力 --ar 4:3

图 3-93 皇室战争风格游戏场景设计

3.3.4　制作游戏宣传材料

　　游戏美术设计师可以通过编写精确的文本提示来引导 AI 创作，快速生成与游戏主题和目标受众相符的视觉概念。在确定宣传目标和风格后，利用 Midjourney 的参数如纵横比和图像质量来细化输出，进行多次迭代直至得到满意的图像。

　　选定最佳图像后，可能需要在图像编辑软件中进行后期处理，如颜色调整、文字添加或细节优化，以确保最终图像的质量和吸引力。随后，这些图像可以应用于海报、横幅、社交媒体等作为宣传材料，同时通过获取团队和目标受众的反馈进行最终调整。Midjourney 的使用不仅加速了创意过程，还提供了多样化的风格探索，帮助设计师创造出引人注目、符合游戏宣传需求的视觉材料。

　　制作流程说明：

　　❶ **明确需求：**确定弹窗类型、风格及信息内容，根据设计需求，在图片素材网站（如花瓣网、Behance、Dribbble 等）上收集相关的参考图片，以便后续关键词描述和垫图使用。

　　❷ **编写关键词：**用简洁词汇描述弹窗元素及风格。

　　❸ **准备垫图（可选）：**选择与设计相符的参考图片。

　　❹ **输入生成：**将关键词和垫图输入 Midjourney，等待生成图片。

　　❺ **挑选调整：**多次尝试后挑选满意图片，进行细节调整。

　　❻ **排版文案：**可借助其他软件进行排版布局并添加必要文案。

示例：
做一款游戏夏季绿色福利皮肤弹窗。

（1）生成背景

绘制自己喜欢的底图，生成图像如图 3-94 所示。

提示词： A circular stone platform with lotus leaves on the edge, surrounded by water and lily pads in a cartoon style. The background features mountains and sky. In front of it is an empty space for text or product display. It has a Chinese cultural theme and a light color scheme. There's no one around. Anime Screenshot, in the style of Genshin Impact game art. --ar 16：9 --s 400 --niji 6

翻译： 圆形石台，边缘有荷叶，四周环绕着卡通风格的水和睡莲。背景是山脉和天空。前面是空白区域，用于展示文字或产品。它具有中国文化主题和浅色配色方案。周围没有人。动漫截图，采用《原神》游戏艺术风格。--ar 16:9 --s 400 --niji 6

图 3-94　生成背景

（2）生成卷轴

将画面融入卷轴，当作弹窗的背景，使界面有层次感。卷轴图像如图 3-95 所示。

提示词： A blank parchment scroll with green watercolor swirls along the side, in the style of vector art, with a white background, empty space in the middle of the scroll for writing text, in the fantasy cartoon illustration style, in the fantasy digital painting style, for cartoon game design, with solid colors, using vector graphics, for game assets, empty area on top and bottom of the paper, with a white background, with simple flat shading, using vector graphics, for cartoon game design, in the fantasy digital illustration style, water color. --ar 3:4 --s 400 --niji 6

翻译： 空白羊皮纸卷轴，侧面有绿色水彩画旋涡，采用矢量艺术风格，背景为白色，卷轴中间有空白区域用于书写文字，采用奇幻卡通插画风格，采用奇幻数字绘画风格，用于卡通游戏设计，采用纯色，使用矢量图形，用于游戏资产，纸张上下有空白区域，背景为白色，采用简单平面阴影，使用矢量图形，用于卡通游戏设计，采用奇幻数字插画风格，水彩画。--ar 3:4 --s 400 --niji 6

图 3-95　生成卷轴

（3）生成人物

选择弹窗的中心人物，提示词生成加扩图，获取自己满意的姿势，如图3-96所示。

提示词： full body of a cute girl wearing a green and white dress, with black hair in two ponytails a jumping pose, in the style of an anime character design, created in brush, bold yet grace background, with high resolution and high detail, in the style of the world of Fire Emblem. --s 400 --niji 6

翻译： 一个可爱的女孩全身穿着绿白相间的连衣裙，黑发扎成两个马尾辫，摆出跳跃姿势，采用动漫人物设计风格，用画笔创建，大胆而优雅的背景，高分辨率和高细节，采用火焰纹章世界的风格。--s 400 --niji 6

图 3-96　生成人物

（4）生成药水图标

生成魔法药水等小元素，用于后期丰富画面，如图 3-97 所示。

提示词： A game icon of an underwater fantasy potion, a light blue and teal liquid in the shape of a bottle with silver metal edges, on a black background, in the style of cartoon, low poly, simple shapes, 3D render, game art asset design.

翻译： 水下奇幻药水的游戏图标，浅蓝色和青色液体，瓶形，带银色金属边缘，背景为黑色，采用卡通风格，低多边形，简单形状，3D 渲染，游戏艺术资产设计。

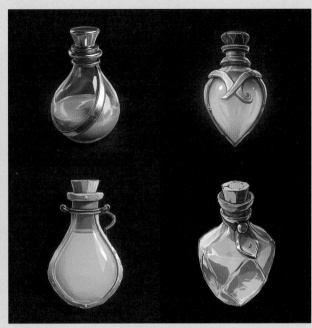
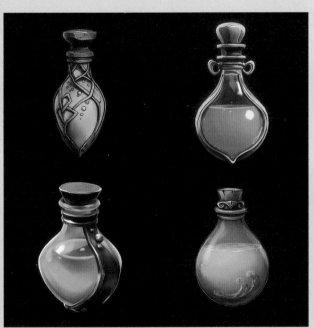
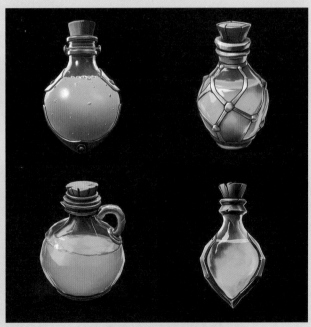

图 3-97 生成药水图标

（5）生成按钮

生成文本框，后期融合时添加文字，作为弹窗的开始键，如图3-98所示。

提示词： Genshin Impact style rectangular card frame icon, with a green background and gold edges. The upper left corner is blank for an avatar or profile picture. There is a golden halo around it to add depth. It has soft lighting and shadows, which enhances the appearance. This design embodies simplicity while being visually appealing, with the focus on the face-up card. --ar 53:20 --s 400 --niji 6

翻译： 原神风格的长方形卡牌框架图标，背景为绿色，边缘为金色。左上角为空白，用于放置头像或个人资料图片。周围有金色光晕，以增加深度。它具有柔和的灯光和阴影，增强了外观。这种设计体现了简洁性，同时又具有视觉吸引力，重点放在正面朝上的卡牌上。--ar 53:20 --s 400 --niji 6

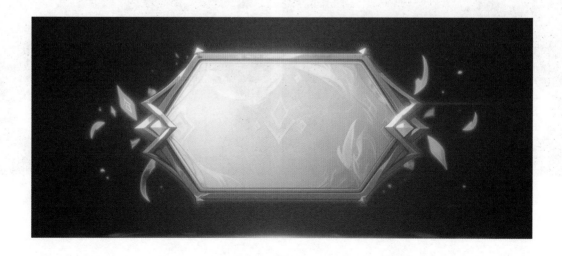

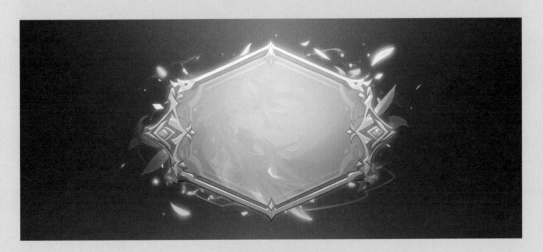

图 3-98　生成按钮

（6）生成头像

生成玩家头像，丰富弹窗页面，如图3-99所示。

提示词： A logo design for the game, featuring an anime-style girl with long black hair and blue eyes wearing green bamboo-inspired . The background is white, and she's holding a flower in her hand. She has a dark brown skin tone, and there are also some light yellow-green leaves around her. In front of her stands a large green circular leaf, which forms a circle that includes her face. There should be no additional text or other elements on the design. --ar 1:1 --s 400 --niji 6

翻译： 游戏的标志设计，以动漫风格的女孩为特色，她有着长长的黑发和蓝眼睛，穿着绿色的竹子图案。背景是白色的，她手里拿着一朵花。她有着深棕色的肤色，周围还有一些浅黄绿色的叶子。她面前是一片巨大的绿色圆形叶子，叶子的圆形部分包括了她的脸。设计中不应包含任何额外的文字或其他元素。--ar 1:1 --s 400 --niji 6

图 3-99　生成头像

（7）快速去除背景

在我们使用的大量素材中都需要进行抠除背景处理，这里我们访问Pixian.AI官网，进行一键抠图，如图3-100所示。

【原始素材】

【贴入网站】

【一键抠图】

图 3-100　快速去除背景

（8）用 PS 融合素材

用以上素材重新排版，并添加文字标题，以及增加氛围感元素。最终完成效果如图 3-101 所示。

图 3-101　最终效果

3.3.5　游戏美术资源批量生成

Midjourney 通过其先进的 AI 图像生成技术，为游戏美术资源的批量生成提供了一种高效的解决方案。游戏美术设计师首先需要定义所需的美术资源种类，然后创建包含关键词的文本提示模板，这些模板将引导 AI 生成特定风格和元素的图像。通过调整文本提示并利用 Midjourney 的参数控制功能，如设置图像的宽高比和风格化程度，设计师能够对生成的图像进行精细调整，以确保它们符合游戏的美术标准。随后，通过自动化脚本在 Discord 平台上批量发送这些提示，并接收 AI 生成的图像，设计师可以从中筛选出最符合要求的资源。这些图像可能还需要经过后期处理，如调整大小和颜色校正，以适应游戏引擎的要求。这些经过精心挑选和调整的资源将被存储和归档，供游戏开发过程中使用。Midjourney 的这种批量生成方法不仅加速了设计流程，还使设计师可以专注于创意和质量控制。

示例 1：
魔兽风格游戏资源设计（生成图像如图 3-102 所示）

提示词： 16bit Pixel-art Game assets, sprite sheet, Warcraft II, buildings, vehicles, trees, mountains, isometric, top-down, hard lighting, pixel, highly detailed. --v 4

翻译： 16 位像素艺术游戏资产、精灵表、魔兽争霸 II、建筑物、车辆、树木、山脉、等距、自上而下、硬照明、像素、高度详细。--v 4

图 3-102　魔兽风格游戏资源设计

示例2：

像素画风格游戏资源设计（生成图像如图3-103所示）

提示词： 16bit Pixel-art Game assets, sprite sheet, in style of Dune, buildings, vehicles, drones, tanks, sci-fi, otherworldly, isometric, top-down, hard lighting, pixel, highly detailed.

翻译： 16位像素艺术游戏资产、精灵表、沙丘风格、建筑物、车辆、无人机、坦克、科幻、超凡脱俗、等距、自上而下、硬照明、像素、高度详细。

图 3-103　像素画风格游戏资源设计

示例 3：
游戏材质资源设计（生成图像如图 3-104 所示）

提示词： game props, icon, rich colors, clay materials, lightweights texture, OC rendering, C4D, solid color background. --niji 5 --ar 3:4

翻译： 游戏道具、图标、丰富色彩、黏土材质、轻量级纹理、OC 渲染、C4D、纯色背景。--niji 5--ar 3:4

小结

利用 AIGC 设计工具来塑造游戏的各个方面时，你需要确保每一步都经过精心策划。首先，明确你的设计目标，确保它们与游戏的整体风格和主题保持一致，这是创造引人入胜游戏体验的基础。在游戏美术设计特别是游戏 UI 设计中，要注重直观性、清晰性和易用性，这样玩家就能轻松地与游戏互动。角色设计应该具有独特性，同时与游戏世界的其他视觉元素保持连贯性，而场景构建则需要关注细节和真实感，以增强玩家的沉浸感。

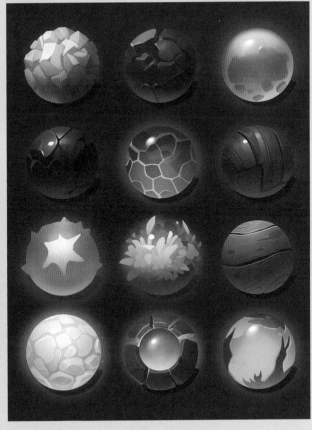

图 3-104　游戏材质资源设计

Artificial
Intelligence
Generated
Content

Chapter

4

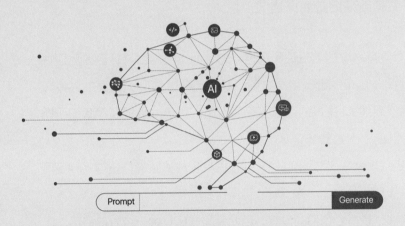

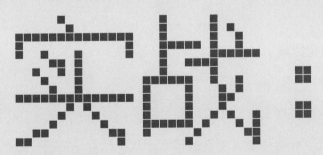

用 AIGC 进行
游戏美术设计

4.1

模拟设计一款《宠物消消乐》游戏素材

消消乐是一款非常经典的休闲益智类游戏，玩家需要在规定的时间内将相同图案的两个图标用三根以下直线连在一起进行消除，直至将所有图标消除干净。

4.1.1 使用 ChatGPT 辅助确定游戏风格

由于 AI 绘图具有高度的随机性和风格化的特质，而界面设计更注重理性的构图版式。因此，在正式进行绘图之前，我们需要提前明确画面的整体风格。这样可以确保后续 AI 生成的图像不偏离方向，并更准确地获得我们所期望的图像。

我们可以利用 ChatGPT 提出问题，并根据其生成的回答，获得 4 种不同的风格，如图 4-1 所示。

这 4 种风格都比较符合我们的设想，因此只需选择其中一个方向即可。

4.1.2 使用 AIGC 进行视觉提案

（1）Prompt（提示词）

Midjoumney 模型有两种生成图像的模式，其中最常见的是 "text to img"，即通过文本描述，告诉 AI 模型我们想要的画面，并由模型根据描述绘制图像；另一种是 "img to img"，即通过一张原始图片和文本描述来生成与原图风格相似，但又不完全相同的图像。无论使用哪种模式，都需要明确一个关键概念—— Prompt（提示）。它能帮助我们准确定义想要生成的图像的特定要素和风格。

针对女性的消消乐小游戏的界面设计成什么风格最合适

为女性设计消消乐小游戏的界面时，可以考虑以下几种风格，确保游戏既美观又符合目标用户的喜好：

1. **柔美优雅风格**：
   - **色彩**：使用柔和的粉色、紫色、浅蓝色等温暖的色调，搭配少量的亮丽色彩进行点缀。
   - **图案**：加入花卉、心形、蝴蝶等细腻的装饰元素，营造出浪漫和优雅的氛围。
   - **字体**：选择流畅、优美的字体，如手写体或细腻的衬线字体，增强整体的柔美感。

2. **清新自然风格**：
   - **色彩**：采用清新的绿色、蓝色和米色等自然色调，营造轻松愉快的感觉。
   - **图案**：运用植物、果实、小动物等自然元素，使界面看起来清新且充满生机。
   - **字体**：使用简洁、现代的无衬线字体，保持界面的简洁与自然感。

3. **现代简约风格**：
   - **色彩**：使用干净的白色、灰色和一些亮丽的对比色（如珊瑚色、薄荷绿）来突出重点。
   - **图案**：保持设计简洁，使用几何图形或简单的图标来装饰界面。
   - **字体**：选择现代感强的无衬线字体，保持整体设计的清晰和简约。

4. **卡通甜美风格**：
   - **色彩**：使用明亮的粉色、黄色、蓝色等充满活力的色彩。
   - **图案**：加入可爱的卡通角色、动物、星星等，增添趣味性。
   - **字体**：选择活泼、圆润的字体，以配合卡通风格的整体设计。

图 4-1　确定游戏风格

　　Prompt 的写法大致由以下几个部分构成，提示图像、提示词以及参数。接下来，我们将通过 AI 绘画和设计软件来完成"萌萌连连看"的首页设计。

　　【提示词公式：主体内容 + 环境氛围 + 风格化 + 其他设定】

（2）视觉提案

根据 ChatGPT 的分析，我们选取第一种"温馨可爱风"作为我们这款游戏的主基调，并从 ChatGPT 的回答中提取几个提示词：温馨、可爱、粉色、蓝色。撰写好提示词后，在 Midjourney 中生成多个视觉风格，并进行视觉提案，如图 4-2 所示。

我们从中选择最符合《宠物消消乐》调性的视觉稿。

4.1.3　使用 ChatGPT 辅助生成游戏策略

我们可以利用 ChatGPT 辅助生成游戏策略。如图 4-3 所示，可以看到，ChatGPT 可以提供有用的建议和创意，但是在生成策略时仍需要产品经理的主观判断和专业经验来进行优化和决线。将 ChatGPT 生成的策略与产品经理的专业知识结合起来，形成最终的游戏策略。将生成的游戏策略进行测试，并收集用户的反馈。根据反馈结果进行改进和调整，确保策略能够满足用户的期望和需求。

【方案1】

【方案2】

【方案3】

【方案4】

图4-2　视觉提案

图 4-3
生成游戏策略

简述怎么做一个消消乐的手机游戏

制作一个消消乐（Match-3）手机游戏可以简化为以下几个主要步骤：

1. 规划和设计

- **确定玩法和规则**：设计基本的消除规则，例如匹配三个或更多相同的元素来得分。
- **设计界面和关卡**：绘制游戏的界面和关卡布局，考虑关卡目标、障碍物等。

2. 开发

- **选择开发工具**：使用游戏引擎如Unity或Cocos2d-x来开发游戏。
- **实现核心功能**：
  - **匹配机制**：编写算法处理元素匹配和消除。
  - **动画效果**：添加消除动画和特效。
  - **关卡管理**：创建和管理不同的关卡及其目标。

3. 测试和优化

- **测试功能**：检查游戏的玩法是否正常，修复Bug。
- **优化性能**：确保游戏在不同设备上流畅运行。

4. 发布和推广

- **发布到应用商店**：将游戏提交到Apple App Store或Google Play Store。
- **推广游戏**：通过社交媒体、广告等方式进行宣传。

5. 维护和更新

- **监控反馈**：收集玩家反馈，分析游戏表现。
- **发布更新**：修复问题，添加新关卡和功能，保持玩家的兴趣。

这五个步骤概括了制作一个消消乐手机游戏的基本过程。

消消乐小游戏的游戏策略是什么

"消消乐"是一类经典的三消（Match-3）游戏，其核心玩法是将相同颜色的物品排列在一起以消除它们。虽然具体的策略可能因游戏版本和规则而有所不同，但以下是一些常见的游戏策略，可以帮助你更高效地完成关卡：

1. **优先消除难点区域**：
   - 首先处理那些更难到达或有特殊障碍的区域，比如底部被障碍物覆盖的地方，或那些与其他方块有更多干扰的区域。

2. **利用特殊方块**：
   - 很多游戏中会有特殊方块（如炸弹、条纹方块、彩虹方块等），了解它们的作用并合理利用它们可以帮助你更快地完成关卡。

3. **计划移动**：
   - 不要只是随意消除，而是要尽量规划每一步，考虑每次移动的影响，并尽量形成连锁反应（Combos），以便最大化消除效果。

4. **创造和利用连锁反应**：
   - 试着创造多次连续消除（连锁反应），这样不仅可以一次性消除更多方块，还可能触发特殊方块，进一步帮助你完成目标。

5. **管理有限步数**：
   - 如果游戏有步数限制，要特别注意每一步的选择，确保每一步都能带来最大效益，避免浪费步数。

6. **优先消除底部的方块**：
   - 消除底部的方块可以更容易触发上层的方块掉落，从而更有可能形成连锁反应。

7. **合理利用道具**：
   - 游戏中常常提供各种道具来帮助你完成关卡，合理使用这些道具可以在关键时刻提供帮助。但也要注意不要过度依赖它们，以免在关键时刻没有足够的道具可用。

8. **了解关卡目标**：
   - 每个关卡可能有不同的目标，比如收集一定数量的特定方块、清除障碍物、达到一定分数等。确保你清楚关卡目标并围绕这些目标制定策略。

通过综合运用这些策略，你可以提高在"消消乐"游戏中的表现，完成更多关卡。

"消消乐"是一款经典的三消（Match-3）休闲游戏，游戏规则简洁明了。以下是简要的游戏规则：

1. **游戏目标：**
   - **消除方块**：通过交换相邻的方块，使三个或更多相同颜色的方块形成一条直线（横向或纵向），然后消除这些方块。

2. **交换方块：**
   - 玩家可以交换相邻的方块以形成匹配。如果交换后形成了一个匹配，方块会被消除，新的方块会从上方掉落填补空缺。

3. **特殊方块：**
   - 游戏中可能有特殊方块（如条纹方块、炸弹方块、彩虹方块等），它们具有额外的消除效果，能够帮助完成关卡目标。

4. **关卡目标：**
   - 每个关卡有特定的目标，例如消除一定数量的特定颜色方块、收集特定物品、清除障碍物等。

5. **步数或时间限制：**
   - 某些关卡可能会有步数或时间限制，玩家需要在限定的步数或时间内完成目标。

6. **胜利条件：**
   - 达成关卡目标，即可完成关卡并获得奖励。如果未能完成目标，则需要重新尝试。

通过这些规则，玩家可以在游戏中进行策略性地交换和消除方块，以实现关卡目标并获得高分。

当然，以下是一个简短的"消消乐"游戏说明，适合直接给用户查看：

消消乐游戏说明

目标：交换相邻方块，形成三个或更多相同颜色的方块连线来消除它们。

怎么玩：

1. 点击或拖动两个相邻方块进行交换。
2. 使三个或更多相同颜色的方块排成一线，它们将被消除。
3. 消除后，上方的方块会掉落填补空缺。

关卡目标：

- 根据关卡要求，消除特定颜色的方块、收集物品或清除障碍物。

注意：

- 部分关卡有步数或时间限制，确保在规定条件内完成目标。

小贴士：

- 计划每一步，利用特殊方块以获得更多分数！

开始游戏，享受消除的乐趣吧！

这样简短明了的说明帮助用户快速上手游戏。

4.1.4 使用 Midjourney 生成场景页面

我们可以将页面拆分成几个部分，并使用 Micjourney 逐个生成。我们优先考虑生成场景页面，这将为整个界面的风格奠定基础。

（1）根据需求和构思，画出首页的草图

首页主要由以下几部分组成，如图 4-4 所示。

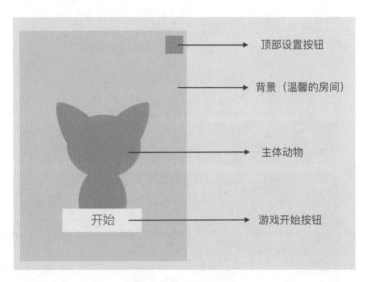

图 4-4　首页的组成

由于 AI 绘画生成的图像很难一步到位，我们把首页拆解为几个模板分别生成，以便于再次修改和调整。

主要模块有： 场景（背景和前景）、主体、按钮、其他元素。

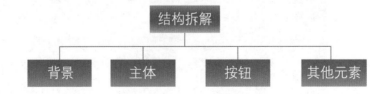

（2）用 Midjourney 生成背景

【提示词公式：宠物养成游戏 UI 界面设计 + 粉色调 +C4D，OC 渲染 + 比例 3∶4】

提示词：A warm and cute room game UI interface design, light texture, pink tone, C4D, OC rendering. --ar 3:4

翻译：一款可爱的宠物养成游戏UI界面设计，浅色纹理，粉色调，C4D，OC渲染。--ar 3:4

我们生成多个方案进行挑选，如图4-5所示。

图4-5

图4-5　生成背景

单击 U，生成大图，如图 4-6 所示。

经过对比、挑选，选择合适的方案，如图 4-7 所示。

图 4-6　生成大图

【方案1】

【方案2】

【方案3】

【方案4】

图4-7 选择合适方案

4.1.5 使用 Midjourney 生成主体动物

我们已经准备好了背景素材，接下来开始使用 Midjourney 生成主体动物。

（1）用 Midjourney 生成主体动物（如图 4-8 所示）

【提示词公式：可爱的小猫 + 黏土材料 +C4D，OC 渲染 + 纯色背景】

提示词：Cute little cat, smiling, created in multiple visual styles, C4D, OC rendering, solid color background. --ar 1:1

翻译：可爱的小猫咪，微笑，创建多种视觉风格，C4D，OC 渲染，纯色背景。--ar 1:1

（2）快速去除背景

现在我们使用 Pixian.AI 抠图网站，把我们不需要的地方一键抠除，如图 4-9 所示。

图 4-8　生成主体动物

【原始素材】　　　　　　　　　　【贴入网站】　　　　　　　　　　　【一键抠图】

图 4-9　去除背景

4.1.6　设计其他元素

首页除了场景和人物，还有按钮【开始】和【设置】。用 Midjourney 生成两种按钮，如图 4-10 所示。再用 PS 添加图标和文案。

提 示 词：Buttons for UI design, Orange tone, three-dimensional. --s 400 --niji 6

翻译：UI 设计的按钮，橘色调，三维。--s 400--niji 6

图 4-10　生成按钮

4.1.7 使用 PS 合成场景、人物、按钮

我们已经准备好了首页所有的素材，接下来开始合成。

（1）全部素材

如图 4-11 所示，这是前面几个步骤准备的所有素材。

【主体动物】 　　　　　　　　　　　　　　　　　　【按钮】

【背景】

图 4-11　已经准备好的素材

步骤一

（2）合成

在这一步，我们需要使用专业的设计软件对所有素材进行合成，如图 4-12 所示。

步骤一：准备好背景素材，裁切好所需要的尺寸。

步骤二：把主体融入背景之中。

步骤三：把按钮融入界面中。

步骤二

步骤三

图 4-12　合成

到此为止，首页的设计已经完成，我们需要注意以下两点。

① **风格统一：** 用 Midjourney 生成图片的时候，应使用统一风格的提示词。

② **视觉层次：** 使用层次结构来组织信息，突出重要的内容，通过大小、颜色和背景等元素的变化，将注意力引导到重要的要素上。

4.1.8　其他界面设计

由于首页已经奠定了基础风格，因此我们可以按照首页的风格来设计其他界面。

根据游戏需求画出游戏界面的草图，如图 4-13 所示。

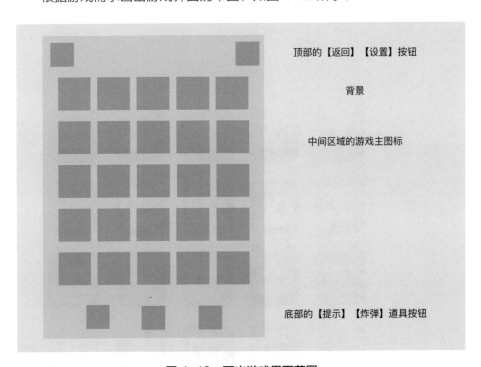

图 4-13　画出游戏界面草图

4.1.9　使用 Midjourney 生成游戏界面主图标风格

【提示词公式：道具名称 + 黏土材料 +C4D，OC 渲染 + 纯色背景】

使用 Midjourney 生成多个方案。

【方案1】
（生成图像如图4-14所示）

提 示 词： A cute pet raising game UI interface design, cartoon characters and cute animals. Create multiple visual styles. Featuring cats, dogs, rabbits, bunnies and other colorful decorations. Each character has a different color. Clay material, C4D, OC, rendering, solid color background. --ar 1:1

翻译： 一款可爱的宠物饲养游戏 UI 界面设计，卡通人物和可爱动物。创建多种视觉风格。以猫、狗、兔子、小兔子和其他彩色装饰为特色。每个角色都有不同的颜色。黏土材料，C4D，OC，渲染，纯色背景。--ar 1:1

【1】

【2】

【3】

图 4-14　方案 1 生成的图像

【方案2】

（生成图像如图4-15所示）

提示词： A cute pet raising game UI interface design, cartoon characters and cute animals. Create multiple visual styles. Features cats, dogs, rabbits, bunnies and other colorful decorations. Clay material, C4D, OC, rendering, solid color background. --ar 1:1

翻译： 一款可爱的宠物养成游戏UI界面设计，卡通人物和可爱的动物。制作多种视觉风格。以猫、狗、兔子、小兔子等颜色装饰为特色。黏土材料，C4D，OC，渲染，纯色背景。--ar 1:1

【1】

【2】

【3】

图 4-15　方案 2 生成的图像

4.1.10　批量生成道具

除了主体图标，还有底部的道具图标，分别是"提示""炸弹""刷新"。我们使用同样的提示词，只需要更改主体元素即可，主要目的是确保风格的统一性。

【方案 1】
（生成图像如图 4-16 所示）

提 示 词：Some very cute cat beds, Pink tone, icons, rich colors, game props, light textures, C4D, OC rendering, solid color background. --ar 1:1

翻译：一些非常可爱的猫窝，粉色调，图标，丰富的色彩，游戏道具，轻质纹理，C4D，OC 渲染，纯色背景。--ar 1:1

图 4-16　方案 1 生成的图像

【方案2】
（生成图像如图 4-17 所示）

提示词： Some very cute cat climbing frames, icons, rich colors, game props, light textures, C4D, OC rendering, solid color background. --ar 1:1

翻译： 一些非常可爱的猫爬架，图标，丰富的色彩，游戏道具，轻质纹理，C4D，OC 渲染，纯色背景。--ar 1:1

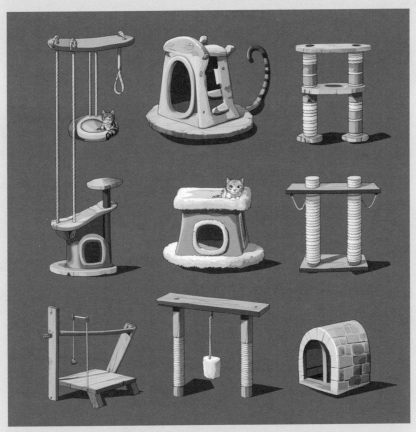

图 4-17　方案 2 生成的图像

【方案3】
（生成图像如图4-18所示）

提示词： Some very cute cat climbing frames, pink tones, icons, rich colors, game props, light textures, C4D, OC rendering, solid color background. --ar 1:1

翻译： 一些非常可爱的炸弹，粉色调，图标，丰富的色彩，游戏道具，轻质纹理，C4D，OC渲染，纯色背景。--ar 1:1

图 4-18　方案 3 生成的图像

4.1.11　使用 PS 组合界面

步骤一：选择生成好的一张图片。

步骤二：截取部分图片作为背景。

步骤三：融入游戏主图标。

步骤四：融入道具和按钮。（各步骤示意图如图 4-19 所示）

步骤一

步骤二

步骤三

步骤四

图 4-19　使用 PS 组合界面

游戏最终效果展示，如图 4-20 所示。

图 4-20
最终效果展示

首页

游戏界面

通关界面

4.2

模拟设计一款《元素之战》游戏

4.2.1 游戏简介

游戏背景： 在一个融合了魔法高校和奇幻宝石的世界中，有一所名为"奇幻高校"的学校，专门培养拥有特殊能力的学生。学校位于一个被神秘力量包围的岛屿上，这里充满了未知的魔法生物、古老的遗迹和隐藏的秘密。五位性格迥异、能力独特的学生——艾莉亚、雷恩、菲尼克斯、赛琳娜和布莱恩，因缘际会组成了一个团队，共同面对即将到来的危机。

故事背景： 一天，奇幻高校的校长宣布了一项重要任务：岛屿的平衡受到了破坏，五大能量宝石（星光、机械、植物、火焰、冰霜）不再和谐共存，导致岛屿的自然环境和魔法生物都变得狂暴不安。为了恢复平衡，校长召集了代表五大能量宝石的五个学生，希望他们能够通过团队合作，找到并重新激活代表各自元素的遗迹之石。他们将探险五个岛屿，去完成任务，使岛屿恢复平衡。

4.2.2 使用 ChatGPT 辅助设计调研

如前所述，我们可以利用 ChatGPT 提出问题，获取符合设想的风格，如图 4-21 所示。

針对青少年的元素之战小游戏，界面设计成什么风格比较合适？

针对青少年玩家的《元素之战》小游戏，界面设计可以采取以下风格：

1. 现代奇幻风格

- **色彩鲜艳**：使用明亮的色彩，如闪耀的星光蓝、炙热的火焰红、清新的植物绿、冰冷的冰霜蓝和机械的银灰色。让每个元素的视觉风格都非常突出，同时保持整体和谐。

- **卡通化设计**：界面和角色采用卡通风格，既能吸引青少年的兴趣，又能使角色和环境看起来更加亲切和易于理解。角色和生物可以具有夸张的特征和动画效果，增加趣味性。

- **动态效果**：添加动态背景和特效，如闪烁的星光、流动的火焰、漂浮的冰霜、卷曲的植物藤蔓和旋转的机械部件。这些动态元素能够增强游戏的沉浸感和互动感。

2. 界面设计元素

- **角色和元素图标**：每个元素（星光、机械、植物、火焰、冰霜）有自己独特的图标和符号，用来标识任务、能力和物品。图标设计上可以融入元素的特征，譬如火焰图标上有燃烧的效果，冰霜图标上有结霜的效果。

- **魔法符文和古老遗迹**：在界面边框、按钮和背景中融入一些古老符文和遗迹的细节。这些细节不仅美观，还能增加奇幻的氛围，让玩家感受到探索和冒险的乐趣。

- **互动元素**：按钮和菜单采用生动的动画效果，如按钮点击时产生的光效或元素反应，使得界面更加动感。过渡动画如元素变换、卷轴展开等也可以增加趣味性。

- **任务和成就系统**：清晰的任务指引和成就展示，利用图标和进度条来显示玩家的进展。每完成一个任务，可以触发元素特效，增强成就感和视觉反馈。

3. 用户体验设计

- **简洁直观的布局**：尽管风格奇幻，布局应保持简洁，使青少年玩家能够轻松上手。重要功能如任务列表、能力选择和物品管理要易于访问。

- **友好的导航**：提供清晰的导航路径和提示，帮助玩家理解如何进行任务和探索。使用引导动画或提示框来帮助玩家熟悉游戏机制。

- **互动反馈**：提供即时反馈，如点击、拖拽、完成任务后的音效和视觉效果，让玩家感到参与感和成就感。

通过这些设计，游戏界面不仅能引起青少年的兴趣，还能有效地支持他们的游戏体验，帮助他们更好地沉浸在这个奇幻的元素之战世界中。

图 4-21　使用 ChatGPT 生成设计风格

4.2.3 使用 AIGC 进行视觉提案

根据 ChatGPT 的分析，我们选取"奇幻风格"作为我们这款游戏的主基调，并从 ChatGPT 的回答中提取几个提示词：卡通化设计、色彩鲜艳、魔法符文和古老遗迹、奇幻的氛围。撰写好提示词后，在 Midjourney 中生成多个视觉风格，如图 4-22 所示。

4.2.4 使用 ChatGPT 辅助生成游戏策略

我们可以利用 ChatGPT 辅助生成游戏策略，如图 4-23 所示，将 ChatGPT 生成的策略与产品经理的专业知识结合起来，形成最终的游戏策略。将生成的游戏策略进行测试，并收集用户的反馈。根据反馈结果进行改进和调整，确保策略能够满足用户的期望和需求。

【方案 1】

【方案 2】

【方案 3】

【方案 4】

图 4-22　使用 Midjourney 生成视觉提案

图 4-23
利用 ChatGPT
生成游戏策略

简单说明如何制作一个关于元素之战的手机小游戏

制作《元素之战》手机小游戏的简要步骤如下：

1. **构思与规划**：
   - 确定游戏主题和核心玩法，例如角色扮演（RPG）或策略游戏。
   - 编写游戏设计文档，描述游戏机制、角色、关卡和UI设计。

2. **设计**：
   - **角色设计**：设计五种代表不同元素的角色及其技能。
   - **界面设计**：创建卡通风格的用户界面，包含主菜单、任务界面和技能栏。
   - **关卡设计**：设计具有挑战的关卡或任务，融入五大元素的特点。

3. **开发**：
   - **选择开发工具**：使用Unity或Unreal Engine等游戏引擎。
   - **编程**：实现游戏逻辑、角色控制、战斗系统和UI功能。
   - **美术与音效**：制作或获取角色、背景图形和音效。

4. **测试**：
   - **内部测试**：检查游戏功能和性能。
   - **Beta测试**：让玩家试玩并收集反馈，修复问题。

5. **发布**：
   - **准备材料**：制作宣传素材，并将游戏提交到应用商店。
   - **推广**：通过社交媒体和广告宣传游戏。

6. **维护与更新**：
   - **监控反馈**：修复bug和优化性能。
   - **发布更新**：增加新内容和功能，保持玩家兴趣。

这些步骤帮助你从构思到发布完成《元素之战》的手机小游戏。

简单说明元素之战的手机小游戏的游戏策略

《元素之战》的手机小游戏游戏策略包括：

1. **核心玩法**：
   - **元素系统**：设计五种元素（火焰、冰霜、植物、机械、星光）角色，每种元素有独特技能和战术。
   - **战斗模式**：选择回合制或实时战斗，提供多样化技能和战术选择。

2. **玩家体验**：
   - **直观UI**：简洁易用的界面，清晰的任务指引和技能按钮。
   - **奖励系统**：通过经验值、金币和成就激励玩家完成任务和挑战。

3. **社交与合作**：
   - **多人合作**：提供合作模式和排行榜，增强社交互动和竞技性。
   - **社交分享**：允许玩家分享游戏进展和成就，增加游戏曝光。

4. **游戏平衡**：
   - **动态难度**：根据玩家表现调整难度，确保游戏对所有玩家都有挑战。
   - **经济系统**：设计合理的虚拟货币系统，避免过度依赖内购。

5. **更新与维护**：
   - **定期更新**：发布新内容和修复bug，保持游戏的新鲜感。
   - **玩家反馈**：收集反馈并进行调整，优化游戏体验。

这些策略帮助《元素之战》提供有趣、平衡且具社交性的游戏体验。

当开发《元素之战》的手机小游戏时，可以考虑以下游戏规则：

1. **角色与元素：**
   - 每个角色代表一种元素（火焰、冰霜、植物、机械、星光），拥有独特技能和属性。
   - 设计元素之间的相克关系，影响战斗策略。

2. **战斗机制：**
   - 选择回合制或实时战斗模式。
   - 利用元素克制规则，要求玩家根据敌人属性选择合适的角色和技能。

3. **关卡与任务：**
   - 设置多样化的关卡和任务，包括击败敌人、解决谜题和收集物品。
   - 任务完成后给予经验、金币或装备奖励。

4. **经济系统：**
   - 设计虚拟货币用于购买装备和升级角色。
   - 提供合理的内购选项，但确保不会破坏游戏平衡。

5. **社交与合作：**
   - 支持多人合作模式和排行榜，增强社交互动和竞技性。
   - 允许玩家分享游戏进展和成就。

6. **游戏平衡：**
   - 动态调整难度和角色平衡，确保游戏对各类玩家都具有挑战性和公平性。

7. **更新与维护：**
   - 定期更新游戏内容，修复bug并优化性能，保持游戏的新鲜感和稳定性。

《元素之战》游戏说明

欢迎来到《元素之战》！在这个奇幻的手机小游戏中，你将进入一个充满冒险和魔法的世界，体验五大元素的激烈战斗。以下是游戏的简要说明：

游戏背景

岛屿上的五大元素（火焰、冰霜、植物、机械、星光）失去了平衡，导致自然环境混乱。你的任务是通过战斗和探险，恢复岛屿的和平。

核心玩法

- **角色选择：** 控制五种代表不同元素的角色，每种角色有独特技能和属性。
- **元素战斗：** 利用元素之间的相克关系（如火焰克制植物，冰霜克制火焰）来制定战术，击败敌人。
- **关卡挑战：** 完成各种关卡和任务，解锁新技能和装备，提升角色能力。

游戏特色

- **丰富技能：** 每个角色都有独特技能和升级路径，提供多样化的战斗策略。
- **多人合作：** 与朋友组队合作，挑战强敌，共同完成任务。
- **排行榜：** 参与全球排行榜，与其他玩家竞争，展示你的实力。

经济系统

- **虚拟货币：** 通过战斗和任务赚取货币，用于购买装备和升级角色。
- **内购选项：** 提供虚拟货币和加速道具的购买选项，帮助你更快进步。

开始游戏

1. **下载游戏：** 从Google Play Store或Apple App Store下载《元素之战》。
2. **创建账号：** 注册并登录，开始你的冒险。
3. **探索与战斗：** 选择角色，开始探险，挑战敌人，恢复岛屿的平衡！

准备好迎接冒险了吗？快来加入《元素之战》，成为拯救岛屿的英雄吧！

4.2.5　使用 Midjourney 生成场景页面

我们可以将页面拆分成几个部分，并使用 Midjourney 逐个生成。我们优先考虑生成场景页面，这将为整个界面的风格奠定基调。

根据需求和构思，画出首页的草图，如图 4-24 所示。

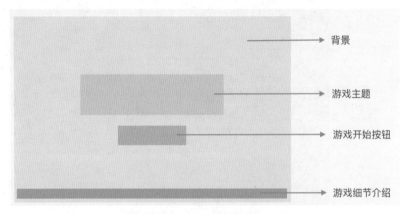

图 4-24　游戏草图

由于 AI 绘画生成的图像很难一步到位，根据草图我们把首页拆解为几个模块分别生成，以便于再次修改和调整。

4.2.5.1　用 Midjourney 生成背景（生成图像如图 4-25 所示）

关键词：There are floating islands and crystal structures in the background, with a large island in the center, anime style, the floating crystals are blue, purple, yellow and green, it has cartoon-style illustrations, colorful fantasy elements, fantasy adventure theme, magical creatures, floating islands and crystal shapes. --ar 16:9 --s 400 --niji 6

翻译：背景中有漂浮的岛屿和水晶结构，中间有一个大岛，动漫风格，漂浮的水晶有蓝色、紫色、黄色和绿色，有卡通风格的插图，丰富多彩的幻想元素，奇幻冒险主题，神奇生物，漂浮的岛屿和水晶形状。--ar 16:9 --s 400 --niji 6

经过对比、挑选，选择合适的背景。

图4-25　生成背景

4.2.5.2 用 Midjourney 生成角色

示例 1

核心关键词：粉色头发，戴着巨大的圆形眼镜，穿着闪亮的星星图案连衣裙

风格特征：PopMart，皮克斯，IP，盲盒，黏土材料，3D，C4D

关 键词：Pink hair girl wearing big round glasses, wearing a dress with star pattern, Pop Mart style, cute, little girl, fashion shoes, blender, fashion trend, 3D material, simple background, blind box, C4D, 3D, full body, standing. --ar 3:4 --style expressive --s 400 --niji 5

翻译：戴大圆眼镜的粉色头发女孩，穿着带有星星图案的连衣裙，PopMart 风格，可爱，小女孩，时尚鞋，搅拌机，时尚潮流，3D 材质，简单背景，盲盒，C4D，3D，全身，站立。--ar 3:4 -- 风格表现 --s 400 --niji 5

生成图像如图 4-26 所示。

图 4-26　生成角色

参考图 4-27 所示步骤，生成三视图。

（1）选择图片

（2）上传图片

（3）双击发送

（4）双击复制图片链接

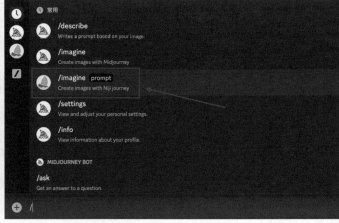

（5）找到 /imagine prompt

prompt The prompt to imagine

/imagine

prompt https://cdn.discordapp.com/attachments/1253545950174249013/1278649102824898570/goodlu_06613_Pink_hair_girl_wearing_big_round
_glasses_wearing_a_41ae5b6a-d125-418e-93f1-f67cb285665b.png?
ex=66d19246&is=66d040c6&hm=b65cb15c2562bad6596787ea89f4df013bda64b920ecd2372854a44f304db03c&|

（6）把网址粘贴到会话框

prompt The prompt to imagine

/imagine

prompt https://cdn.discordapp.com/attachments/1253545950174249013/1278649102824898570/goodlu_06613_Pink_hair_girl_wearing_big_round
_glasses_wearing_a_41ae5b6a-d125-418e-93f1-f67cb285665b.png?
ex=66d19246&is=66d040c6&hm=b65cb15c2562bad6596787ea89f4df013bda64b920ecd2372854a44f304db03c& Pink-haired girl wearing
big round glasses, wearing a dress with a star pattern, Pop Mart style, cute, little girl, fashion shoes, blender, fashion trend, 3d material,
simple background, blind box, c4d, 3d, full body, standing, generate three views, including front view, side view, back view. --ar 16:9 --style
expressive --s 400 --niji 5 --iw 2

（7）加入三视图关键词并修改后缀参数

图 4-27　生成三视图

注意:

网址粘贴后空格一次。

在原有的关键字基础上加入 Generate three views, including front view, side view, back view（生成三视图，包括正面视图、侧面视图、背面视图）。图 4-28 是垫图后的三视图。

把原来的图片比例修改为 9:16。

关键词后加上权重 --iw 0.5-2，数值越大，参考图的风格越重。

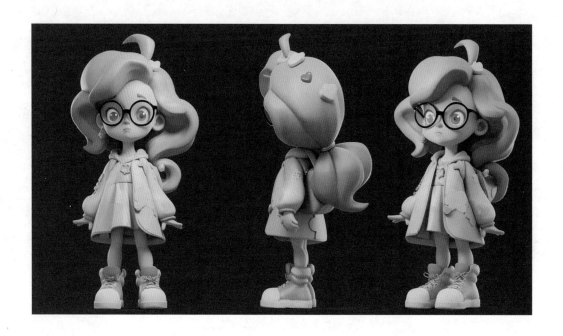

图 4-28　垫图后的三视图

示例 2

核心关键词: 棕色头发,穿着工装裤和工具腰带,背着一个小型机械背包

风格特征: PopMart,皮克斯,IP,盲盒,黏土材料,3D,C4D

关键词: Ten-year-old boy, brown hat, wearing overalls and a tool belt, carrying a small mechanical backpack, with a small mechanical backpack, Pop Mart style, cute, little boy, fashion shoes, blender, fashion trend, 3D material, simple background, blind box, C4D, 3D, full body, standing. --ar 3:4 --style expressive --s 400 --niji 5

翻译: 十岁男孩,棕色帽子,穿着工装裤和工具带,背着小机械背包,背着小机械背包,PopMart 风格,可爱,小男孩,时尚鞋,搅拌机,时尚潮流,3D 材质,简约背景,盲盒,C4D,3D,全身,站立。--ar 3:4 --style expressive --s 400 --niji 5

生成图像如图 4-29 所示。

垫图加入关键词: Generate three views, including front view, side view, back view(生成三视图,包括正面视图、侧面视图、背面视图)。生成图像如图 4-30 所示。

图 4-29　生成角色

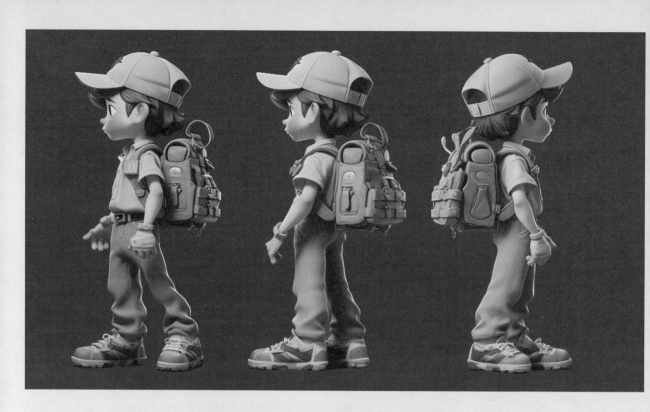

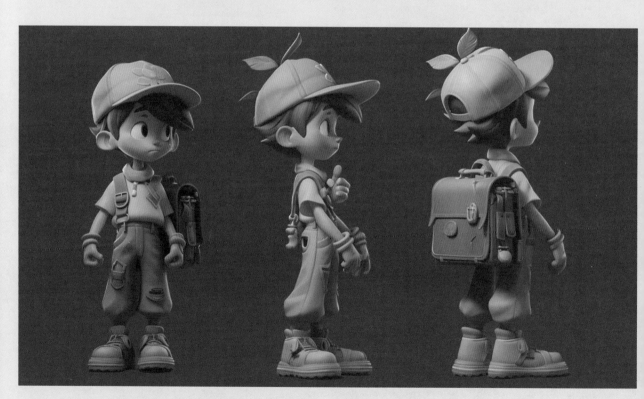

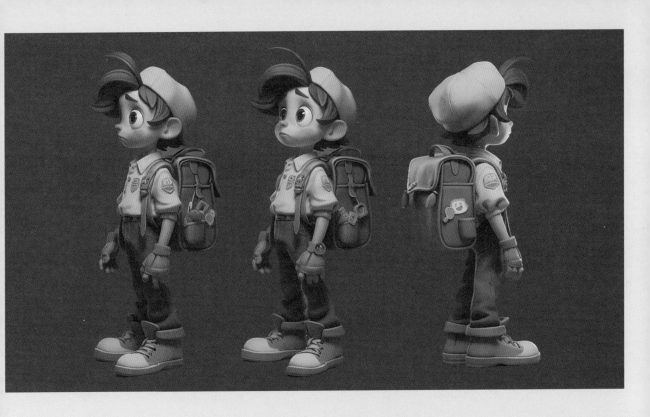

图 4-30　垫图后的效果

示例 3

核心关键词： 绿色长发头戴花环，穿着植物图案的连衣裙，手持一根藤蔓杖

风格特征： PopMart，皮克斯，IP，盲盒，黏土材料，3D，C4D

关 键 词： She has long green hair, a wreath on her head, a dress with plant patterns, and holds a vine staff. Pop Mart style, cute, little girl, fashion shoes, blender, fashion trend, 3D material, simple background, blind box, C4D, 3D, full body, standing. --ar 3:4 --style expressive --s 400 --niji 5

翻译： 她有一头绿色的长发，头上戴着花环，穿着带有植物图案的连衣裙，手握藤蔓权杖。PopMart 风格，可爱，小女孩，时尚鞋，搅拌机，时尚潮流，3D 材质，简约背景，盲盒，C4D，3D，全身，站立。--ar 3:4 --style expressive --s 400 --niji 5

生成图像如图 4-31 所示。

垫图加入关键词： Generate three views, including front view, side view, back view（生成三视图，包括正面视图、侧面视图、背面视图）。生成图像如图 4-32 所示。

图 4-31　生成角色

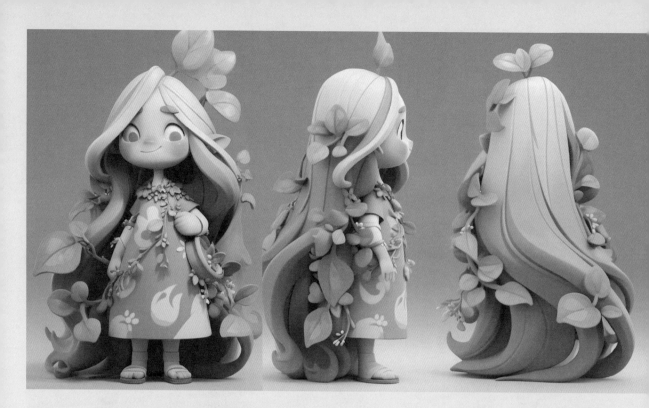

图 4-32 垫图后的效果

示例 4

核心关键词： 红色短发，戴着眼镜，穿着带红色的夹克和牛仔裤

风格特征： PopMart，皮克斯，IP，盲盒，黏土材料，3D，C4D

关 键 词： Red short hair, glasses, red jacket and jeans, PopMart style, cute, little boy, fashion shoes, blender, fashion trend, 3D material, simple background, blind box, C4D, 3D, full body, standing.--ar 3:4 --style expressive --s 400 --niji 5

翻译： 红色短发，戴眼镜，红色夹克和牛仔裤，PopMart 风格，可爱，小男孩，时尚鞋，blender，时尚潮流，3D 材质，简单背景，盲盒，C4D，3D，全身，站立。--ar 3:4 --style expressive --s 400 --niji 5

生成图像如图 4-33 所示。

垫图加入关键词： Generate three views, including front view, side view, back view（生成三视图，包括正面视图、侧面视图、背面视图）。生成图像如图 4-34 所示。

图 4-33 生成角色

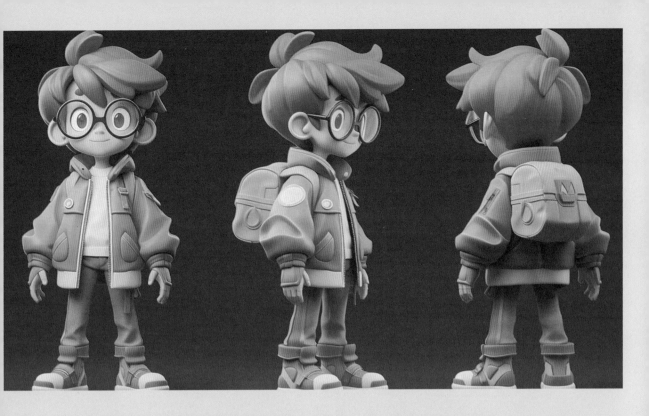

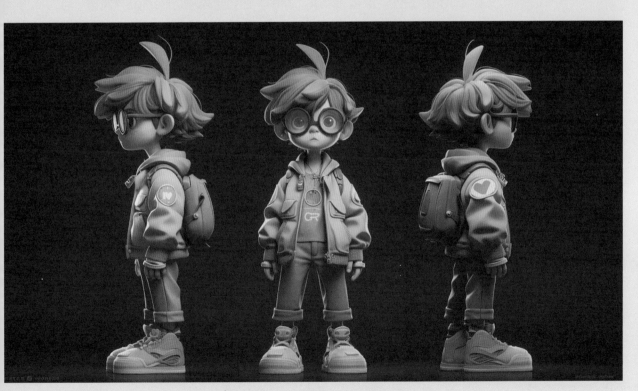

图 4-34　垫图后的效果

示例 5

核心关键词： 白色长发，穿着蓝白色斗篷，戴着帽子，穿着特有的靴子

风格特征： PopMart，皮克斯，IP，盲盒，黏土材料，3D，C4D

关 键 词： White long hair, wearing blue and white cloak, hat, wearing unique boots, PopMart style, cute, little girl, fashion shoes, blender, fashion trend, 3D material, simple background, blind box, D4D, 3D, full body, standing. Generate three views, including front, side, back.--ar 3:4 --style expressive --s 400 --niji 5

翻译： 白色长发，穿蓝白斗篷，帽子，穿独特靴子，PopMart 风格，可爱，小女孩，时尚鞋，blender，时尚潮流，3D 材质，简单背景，盲盒，C4D，3D，全身，站立。生成三个视图，包括正面，侧面，背面。--ar 3:4 --style expressive --s 400 --niji 5

生成图像如图 4-35 所示。

垫图加入关键词： Generate three views, including front view, side view, back view（生成三视图，包括正面视图、侧面视图、背面视图）。生成图像如图 4-36 所示。

图 4-35 生成角色

图 4-36　垫图后的效果

【原始素材】

4.2.6　快速去除背景

现在我们使用 Pixian.AI 官网工具，把我们不需要的地方一键抠除。效果如图 4-37 所示。

【贴入网站】

goodlu_06613_Pink...　434 × 576 px 434 × 576 像素
d125-418e-93f1-
f67cb285665b的副
本.png

【一键抠图】

图 4-37　去除背景

4.2.7 制作人物简介

画出角色人物介绍的草图，如图 4-38 所示。最终效果如图 4-39 所示。

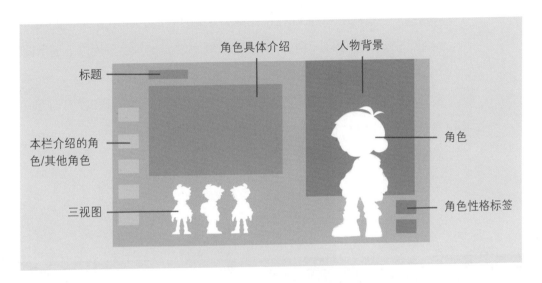

图 4-38　人物介绍草图

图 4-39　人物简介效果

4.2.8 游戏场景模拟

用PS合成场景、人物。

风格统一： 我们用Midjourney生成图像的时候，使用能统一风格的提示词，比如，在本章的游戏案例中，几乎每次图片生成时都会使用以下提示词：clay material, C4D, OC rendering（黏土材料，C4D，OC渲染）。

视觉层次： 使用层次结构来组织信息，突出重要的内容。通过大小、颜色和背景等元素的变化，将注意力引导到重要的元素上。

最终效果如图4-40所示。

图4-40　游戏场景效果图

4.3

模拟设计一款《愤怒的水果》游戏

4.3.1 游戏简介

愤怒的水果是一款休闲益智游戏。玩家通过弹弓发射红色的苹果，攻击躲在各种障碍物中的榴莲。需在规定的苹果数量内，利用各种技能和角度，摧毁障碍物并消灭所有榴莲，从而通关。

4.3.2 使用 ChatGPT 确定游戏风格

如前所述，我们可以利用 ChatGPT 提出问题，获取符合设想的风格，如图 4-41 所示。

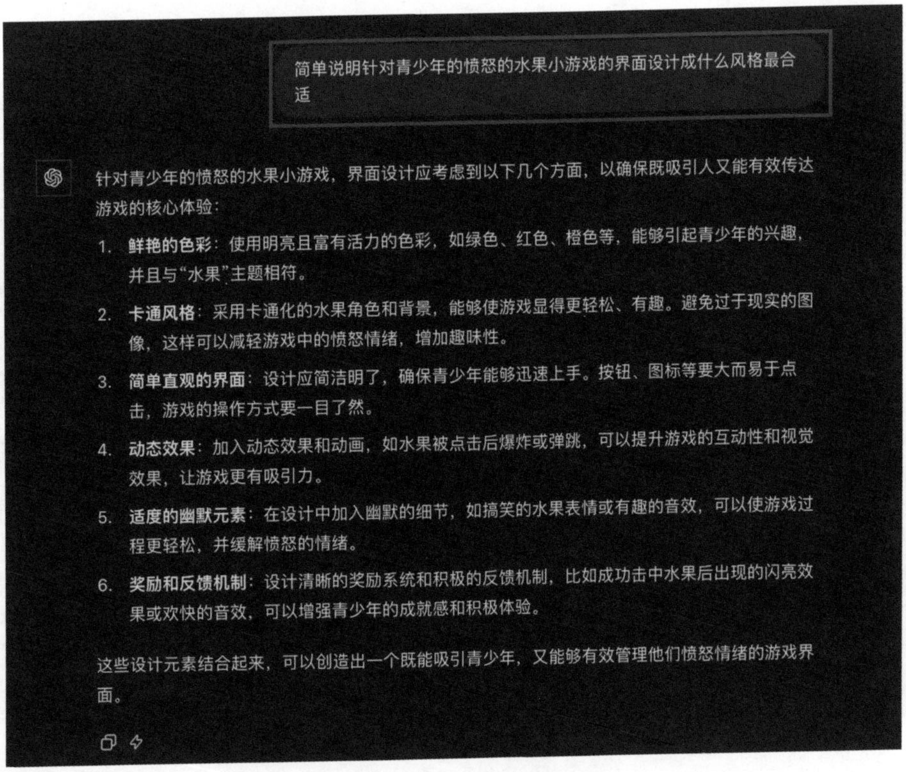

图 4-41　确定游戏风格

4.3.3　使用 AIGC 进行视觉提案

根据 ChatGPT 的分析，我们选取"奇幻卡通风格"作为我们这款游戏的主基调，并从 ChatGPT 的回答中提取几个提示词：暗色调、可爱、绿色、蓝色。撰写好提示词后，在 Midjourney 中生成多个视觉风格，并进行视觉提案。如图 4-42 所示。

4.3.4　使用 ChatGPT 辅助生成游戏策略

我们可以利用 ChatGPT 辅助生成游戏策略，如图 4-43 所示，将 ChatGpT 生成的策略与产品经理的专业知识结合起来，形成最终的游戏策略。将生成的游戏策略进行测试，并收集用户的反馈。根据反馈结果进行改进和调整，确保策略能够满足用户的期望和需求。

【方案 1】

【方案 2】

【方案 3】

【方案 4】

图 4-42　视觉提案

图 4-43
生成游戏策略

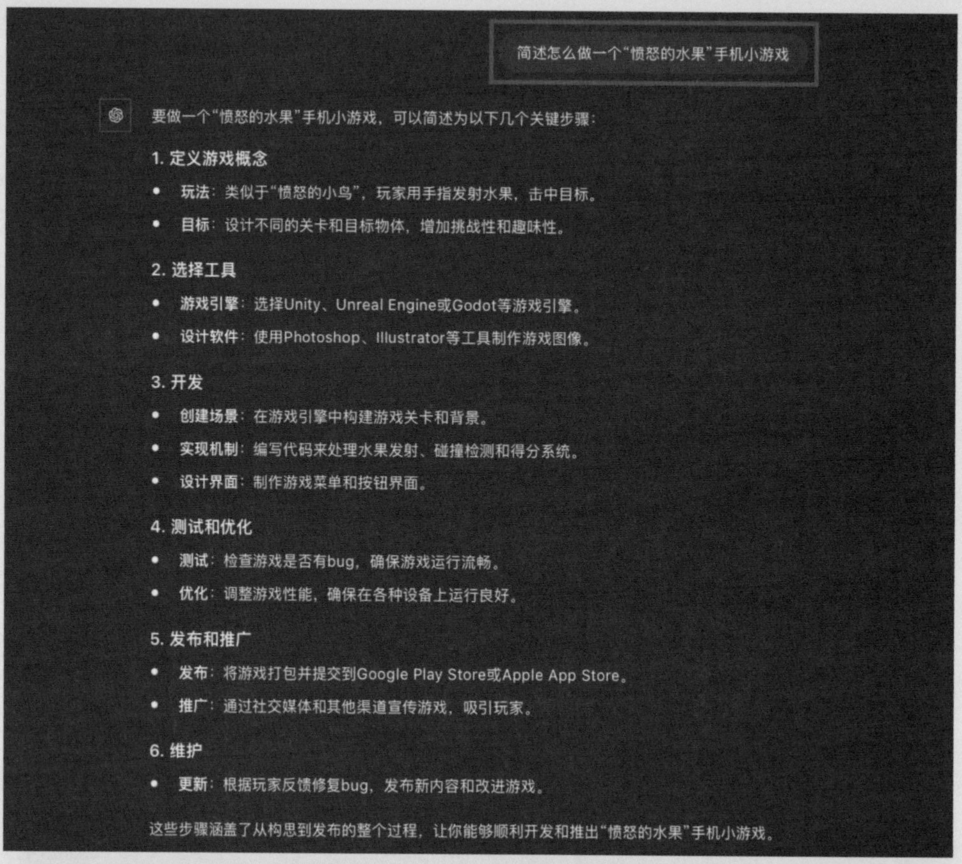

简述怎么做一个"愤怒的水果"手机小游戏

要做一个"愤怒的水果"手机小游戏，可以简述为以下几个关键步骤：

1. 定义游戏概念

- **玩法**：类似于"愤怒的小鸟"，玩家用手指发射水果，击中目标。
- **目标**：设计不同的关卡和目标物体，增加挑战性和趣味性。

2. 选择工具

- **游戏引擎**：选择Unity、Unreal Engine或Godot等游戏引擎。
- **设计软件**：使用Photoshop、Illustrator等工具制作游戏图像。

3. 开发

- **创建场景**：在游戏引擎中构建游戏关卡和背景。
- **实现机制**：编写代码来处理水果发射、碰撞检测和得分系统。
- **设计界面**：制作游戏菜单和按钮界面。

4. 测试和优化

- **测试**：检查游戏是否有bug，确保游戏运行流畅。
- **优化**：调整游戏性能，确保在各种设备上运行良好。

5. 发布和推广

- **发布**：将游戏打包并提交到Google Play Store或Apple App Store。
- **推广**：通过社交媒体和其他渠道宣传游戏，吸引玩家。

6. 维护

- **更新**：根据玩家反馈修复bug，发布新内容和改进游戏。

这些步骤涵盖了从构思到发布的整个过程，让你能够顺利开发和推出"愤怒的水果"手机小游戏。

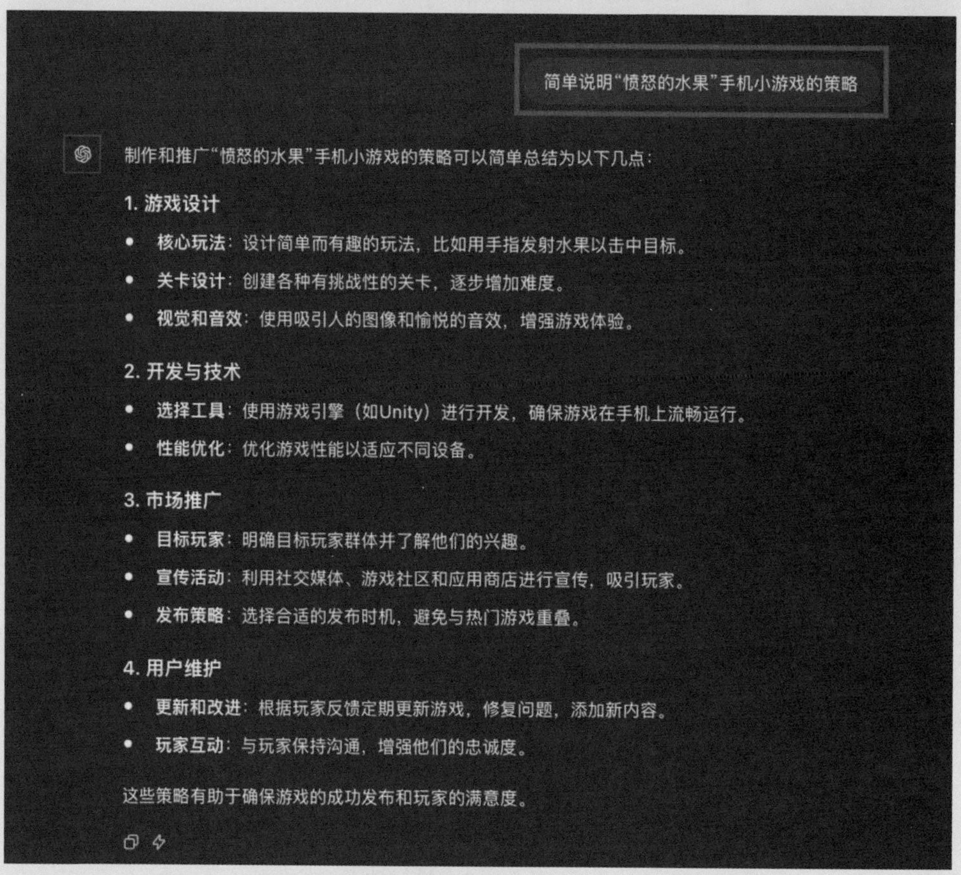

简单说明"愤怒的水果"手机小游戏的策略

制作和推广"愤怒的水果"手机小游戏的策略可以简单总结为以下几点：

1. 游戏设计

- **核心玩法**：设计简单而有趣的玩法，比如用手指发射水果以击中目标。
- **关卡设计**：创建各种有挑战性的关卡，逐步增加难度。
- **视觉和音效**：使用吸引人的图像和愉悦的音效，增强游戏体验。

2. 开发与技术

- **选择工具**：使用游戏引擎（如Unity）进行开发，确保游戏在手机上流畅运行。
- **性能优化**：优化游戏性能以适应不同设备。

3. 市场推广

- **目标玩家**：明确目标玩家群体并了解他们的兴趣。
- **宣传活动**：利用社交媒体、游戏社区和应用商店进行宣传，吸引玩家。
- **发布策略**：选择合适的发布时机，避免与热门游戏重叠。

4. 用户维护

- **更新和改进**：根据玩家反馈定期更新游戏，修复问题，添加新内容。
- **玩家互动**：与玩家保持沟通，增强他们的忠诚度。

这些策略有助于确保游戏的成功发布和玩家的满意度。

"愤怒的水果"游戏规则简述：

核心玩法

玩家通过滑动手指发射各种水果，目标是击中关卡中的目标物体或结构，完成任务并获得高分。

游戏目标

- **击中目标**：使用水果击中指定的目标物体，例如积木、敌人或其他障碍物。
- **破坏结构**：通过水果的撞击破坏关卡中的结构，以达成目标并得分。

游戏机制

1. **发射**：玩家通过拖动手指来调整水果的发射角度和力度。
2. **碰撞**：水果发射后，会根据物理引擎与目标物体发生碰撞，造成破坏或击中。
3. **得分**：每成功击中目标或破坏结构，玩家会获得得分。额外奖励可通过完成特殊任务或使用特殊水果获得。

关卡设计

- **逐步挑战**：每个关卡的难度逐渐增加，引入更多障碍物、目标和复杂的结构。
- **多样化目标**：设计不同类型的目标和障碍，增加游戏的趣味性和策略性。

特殊元素

- **特殊水果**：例如爆炸性水果、穿透性水果等，具有不同的效果，可以帮助玩家解决难题或提高得分。
- **奖励和道具**：提供额外的奖励和道具，帮助玩家在游戏中取得更好的成绩。

通过这些规则和机制，"愤怒的水果"游戏旨在提供有趣且富有挑战性的体验，让玩家享受击中目标和破坏结构的乐趣。

"愤怒的水果"游戏说明

游戏介绍

欢迎来到"愤怒的水果"！在这个有趣的游戏中，你将通过发射各种水果来击中目标，破坏障碍，完成挑战，赢得高分！

玩法指南

1. **发射水果**：滑动手指调整角度和力度，然后释放水果发射出去。
2. **击中目标**：用水果击中关卡中的目标物体或结构，看看能否打破它们！
3. **得分**：每次成功击中目标或破坏结构时，你将获得得分。试着获得更高的分数！

游戏目标

- **完成关卡**：每一关都有特定的目标，完成它们以解锁下一关。
- **挑战自我**：不断提高你的技巧，获得高分，挑战排行榜！

特色功能

- **多样水果**：使用不同类型的水果，每种水果都有独特的效果，帮助你完成任务。
- **丰富关卡**：享受各种各样的关卡，每一关都有不同的挑战和乐趣。

小提示

- **合理发射**：尝试不同的发射角度和力度，找到最佳的击中方式。
- **利用特殊水果**：使用特殊水果来突破难关或获得更多分数。

快来体验"愤怒的水果"的乐趣吧！发射水果，击中目标，挑战你的技巧，成为得分高手！

4.3.5　使用 Midjourney 生成场景页面

我们可以将页面拆分成几个部分，并使用 Midjourney 逐个生成。我们优先考虑生成场景页面，这将为整个界面的风格奠定基础。

（1）画出草图

根据需求和构思，画出首页的草图，并生成效果，如图 4-44 所示。

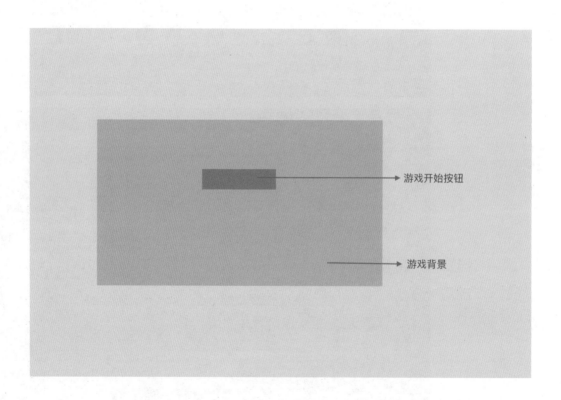

游戏开始按钮

游戏背景

图4-44 草图及效果

（2）用 Midjourney 生成背景

背景 1

提示词： Halloween castle illustration background with moon, bats and sunrise, soft focus, cartoon style, 2D game art, high resolution, symmetrical composition, game character, character design, concept art, game atmosphere, moonlight shining on the night sky, night scene, documentary photography, gray-blue tones, mysterious light, horror, scary mood, digital painting, cartoon style, 3D game art, flat colors, low contrast. --ar 16:9

翻译： 万圣节城堡插图背景与月亮、蝙蝠和日出，柔焦、卡通风格、2D游戏艺术、高分辨率、对称构图、游戏角色、角色设计、概念艺术、游戏氛围、月光照耀夜空、夜景、纪实摄影、灰蓝色调、神秘的光芒、恐怖、可怕的情绪、数字绘画、卡通风格、3D 游戏艺术、平面色彩、低对比度。--ar 16:9

生成多个方案进行挑选，如图 4-45 所示。

图 4-45　生成背景 1

背景2

提示词：2D platform, stone bricks, Halloween, 2D video game terrain, 2D platformer, Halloween scenario, similar to angry birds, metal slug Halloween, screenshot, in-game asset. --ar 16:9 --s 400 --niji 6

翻译：2D 平台、石砖、万圣节、2D 视频游戏地形、2D 平台游戏、万圣节场景、类似于愤怒的小鸟、合金弹头万圣节、屏幕截图、游戏内资产。--ar 16:9 --s 400 --niji 6

生成多个方案进行挑选，如图 4-46 所示。

图 4-46　生成背景 2

4.3.6　使用 Midjourney 生成主体水果素材

我们已经准备好了背景素材，接下来开始使用Midjourney生成主体角色。

角色 1

提示词： Red apple, game sprite, similar to Angry Birds, but Halloween version, simple sprite, 2D, white background. --s 400 --niji 6

翻译： 红苹果，游戏精灵，类似于愤怒的小鸟，但万圣节版本，简单的精灵，2D，白色背景。--s 400 --niji 6

生成方案如图 4-47 所示。

图 4-47　生成角色 1

角色2

提示词：Durian, game sprite, similar to Angry Birds but Halloween version, simple sprite, 2D, white background. --s 400 --niji 6

翻译：榴莲，游戏精灵，类似于愤怒的小鸟，但万圣节版本，简单的精灵，2D，白色背景。--s 400 --niji 6

生成方案如图4-48所示。

图4-48　生成角色2

现在我们使用 Pixian.AI 官网工具，把我们不需要的地方一键抠除，如图 4-49 所示。

【原始素材】

【贴入网站】

dc .jpeg 直流.jpeg   500 × 500 px 500 × 500 像素

【一键抠图】

图4-49　快速去除背景

4.3.7　设计其他元素

首页除了背景和角色，还有其他游戏素材。我们用Midjourney生成木箱，幽灵等，再用PS合成。

元素1

提示词： A set of flat wooden square cargo boxes, illustration style is minimalistic and simple, vector icon design, smooth, prototype clean white background, soft focus, cartoon style, game assets, 2.5D, UI icons, best quality, super detail. --ar 3:4 --s 400 --niji 6

翻译： 一组平面木质方形货箱，插图风格简约而简单，矢量图标设计，平滑，原型干净的白色背景，柔焦，卡通风格，游戏资产，2.5D, UI图标，最佳质量，超级细节。--ar 3:4 --s 400 --niji 6

生成方案如图4-50所示。

图 4-50　生成元素 1

元素 2

提 示 词： A set of wooden boards, thin strips, illustration style is minimalistic and simple, vector icon design, smooth, prototype clean white background, soft focus, cartoon style, game assets, 2.5D, UI icons, best quality, super details. --ar 3:4 --s 400 --niji 6

翻译： 一组木板，细条，插画风格简约朴素，矢量图标设计，流畅，原型干净的白色背景，柔焦，卡通风格，游戏资产，2.5D，UI 图标，最佳质量，超级细节。--ar 3:4 --s 400 --niji 6

生成方案如图 4-51 所示。

图 4-51　生成元素 2

元素3

提示词：Sticker set, Halloween style, ghosts, cute cartoon style, black background, bright colors, various emotions, different expressions, wearing big sneakers doing sports or playing games, smiling heart icons, happy faces, fun atmosphere, cute design, playful characters, sticker art illustrations, colorful vector pictures, playful elements, cute design, playful expressions. High resolution, digital art --ar 3:4

翻译：贴纸套装，万圣节风格，幽灵，可爱的卡通风格，黑色背景，色彩鲜艳，各种情绪，不同表情，穿着大运动鞋做运动或玩游戏，微笑的心形图标，快乐的面孔，有趣的氛围，可爱的设计，俏皮的角色，贴纸艺术插图，彩色矢量图片，俏皮的元素，可爱的设计，俏皮的表情。高分辨率，数字艺术 --ar 3:4

生成方案如图4-52所示。

图 4-52　生成元素 3

4.3.8 使用 PS 合成场景、人物、按钮

我们已经准备好了首页所有的素材，接下来开始合成。如图 4-53 所示，这是前面几个步骤准备的素材示例。

【背景】

【主体角色】 　　　　　　　　　　　　　　　【其他元素】

图 4-53　已经准备好的素材

在这一步，我们需要使用专业的设计软件如 PS 对所有素材进行合成。根据游戏界面的草图用生成的素材合成界面设计，如图 4-54 所示。

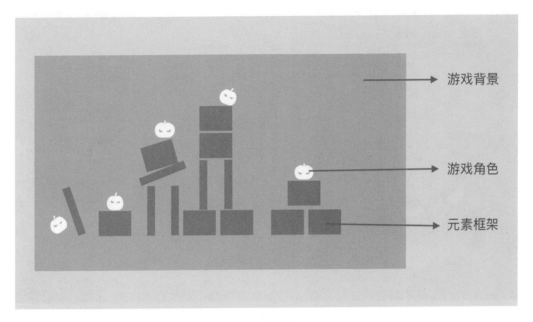

（1）草图

（2）素材合成

图 4-54　素材合成界面设计

《愤怒的水果》游戏最终效果如图 4-55 所示。

（1）首页

（2）游戏界面

图 4-55 《愤怒的水果》游戏最终效果

4.4 模拟设计一款《狼人杀卡牌》游戏

4.4.1 游戏简介

《狼人杀》是一款多人参与的社交推理卡牌游戏。游戏通常由 8 到 18 名玩家参与，每人分配一个角色卡，其中包括“狼人”“村民”“预言家”、“女巫”等。每晚，狼人会选择一个玩家进行“杀戮”，而白天玩家们通过讨论和投票来推测谁是狼人并将其逐出游戏。游戏的目标是根据自己的角色和队伍目标，利用策略和社交技巧来赢得游戏。游戏氛围紧张刺激，强调逻辑推理和团队合作。

4.4.2 使用 ChatGPT 确定游戏风格

如前所述，我们可以利用 ChatGPT 提出问题，获取符合设想的风格，如图 4-56 所示。

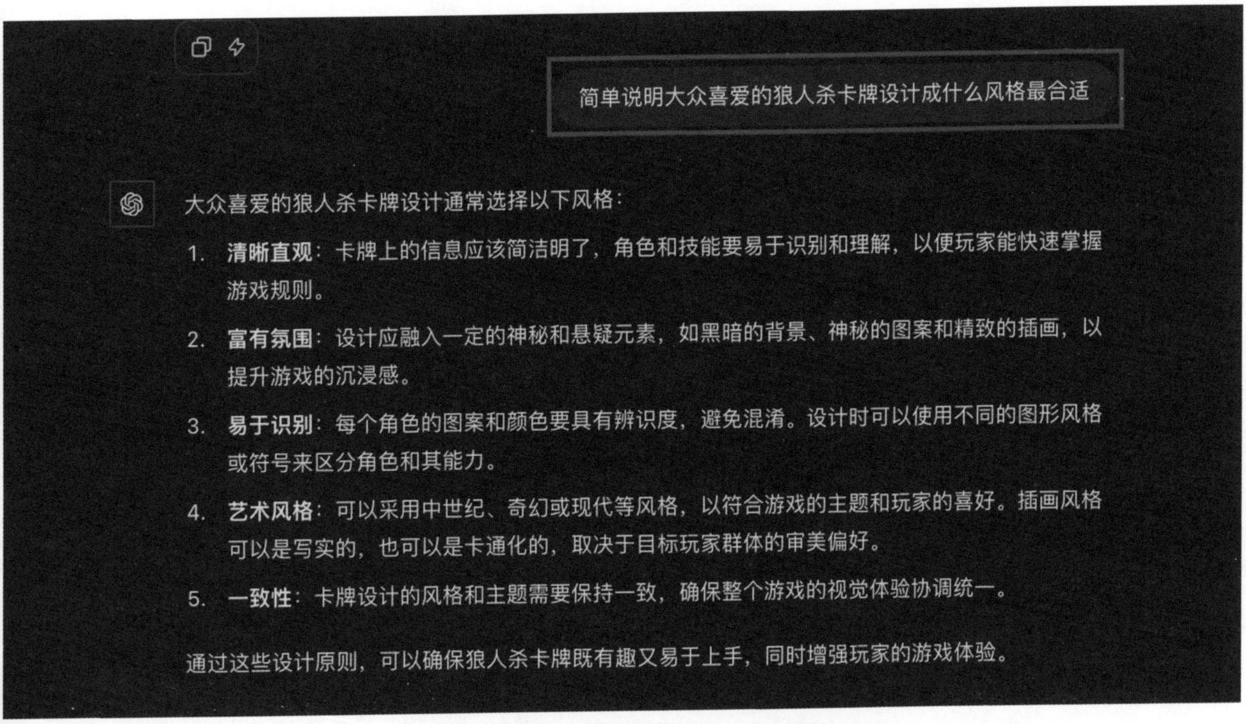
简单说明大众喜爱的狼人杀卡牌设计成什么风格最合适

大众喜爱的狼人杀卡牌设计通常选择以下风格：

1. **清晰直观**：卡牌上的信息应该简洁明了，角色和技能要易于识别和理解，以便玩家能快速掌握游戏规则。
2. **富有氛围**：设计应融入一定的神秘和悬疑元素，如黑暗的背景、神秘的图案和精致的插画，以提升游戏的沉浸感。
3. **易于识别**：每个角色的图案和颜色要具有辨识度，避免混淆。设计时可以使用不同的图形风格或符号来区分角色和其能力。
4. **艺术风格**：可以采用中世纪、奇幻或现代等风格，以符合游戏的主题和玩家的喜好。插画风格可以是写实的，也可以是卡通化的，取决于目标玩家群体的审美偏好。
5. **一致性**：卡牌设计的风格和主题需要保持一致，确保整个游戏的视觉体验协调统一。

通过这些设计原则，可以确保狼人杀卡牌既有趣又易于上手，同时增强玩家的游戏体验。

图 4-56　使用 ChatGPT 生成设计风格

4.4.3 使用 AIGC 进行视觉提案

根据 ChatGPT 的分析，我们选取"幻想色彩风格"作为我们这款游戏的主基调，并从 ChatGPT 的回答中提取几个提示词：神秘、奇幻、黑暗。撰写好提示词后，在 Midjourney 中生成多个视觉风格，并进行视觉提案，如图 4-57 所示。

4.4.4 使用 ChatGPT 辅助生成游戏策略

我们可以利用 ChatGPT 辅助产品经理生成游戏策略，如图 4-58 所示，将 ChatGpT 生成的策略与产品经理的专业知识结合起来，形成最终的游戏策略。将生成的游戏策略进行测试，并收集用户的反馈。根据反馈结果进行改进和调整，确保策略能够满足用户的期望和需求。

【方案1】

【方案2】

【方案3】

【方案4】

图 4-57　生成视觉提案

图 4-58
利用 ChatGPT
生成游戏策略

简短的说明怎么做一组狼人杀卡牌

制作一组狼人杀卡牌可以分为以下几个步骤：

1. **设计角色和能力**：
   - 确定游戏中的角色（如狼人、村民、预言家等）。
   - 为每个角色定义特殊能力或规则。

2. **制作卡牌模板**：
   - 设计卡牌的布局，包括角色名称、能力说明和插图区域。
   - 保持设计一致性和清晰度。

3. **插画和视觉设计**：
   - 为每个角色设计插图，体现角色特点和游戏氛围。
   - 添加必要的图标和文字说明，确保易于理解。

4. **编排和打印**：
   - 将设计好的卡牌文件整理成打印格式。
   - 选择合适的纸张和打印方式，制作实体卡牌。

5. **测试和调整**：
   - 进行游戏测试，确保卡牌平衡性和游戏体验。
   - 根据反馈调整卡牌设计和规则。

这样，你就可以制作出一组完整的狼人杀卡牌。

简短说明狼人杀卡牌的游戏策略

狼人杀卡牌的游戏策略主要包括以下几个方面：

1. **信息收集**：
   - **村民**：注意观察其他玩家的行为和言谈，以寻找线索。
   - **狼人**：混淆视听，避免暴露自己，伪装成村民。
   - **预言家**：利用夜间的能力查验玩家身份，白天分享线索但要小心暴露自己。
   - **女巫**：合理使用药水，保护自己或重要玩家，同时考虑用毒药对付可疑玩家。

2. **团队合作**：
   - **村民**：与其他村民合作，讨论和分析，找出狼人。
   - **狼人**：与队友协调，分散怀疑，制造混乱。

3. **推理与辩论**：
   - **村民**：通过讨论推理谁可能是狼人，合理质疑他人，避免错误投票。
   - **狼人**：巧妙地辩解和指控他人，转移怀疑，避免被揭露。

4. **行为观察**：
   - **所有角色**：留意玩家的言行和反应，识别异常行为或逻辑漏洞。

掌握这些策略可以提升在狼人杀中的表现。

狼人杀游戏规则简述如下：

1. **玩家角色**：

   - **狼人**：每晚可以选择一名玩家进行"杀害"。

   - **村民**：没有特殊能力，主要依靠讨论推理找出狼人。

   - **预言家**：每晚可以查验一名玩家的真实身份。

   - **女巫**：拥有一瓶"解药"和一瓶"毒药"，可以分别用来救人或毒死玩家。

   - **猎人（可选）**：被杀时可以带走一名玩家。

   - **守卫（可选）**：每晚可以保护一名玩家免受攻击。

2. **游戏流程**：

   - **夜晚**：所有玩家闭眼，狼人秘密选择目标，预言家查验身份，女巫决定是否使用药水。

   - **白天**：所有玩家讨论、推理，最终进行投票，决定逐出一名玩家。

   - **轮换进行**：夜晚和白天交替进行，直至一方胜利。

3. **胜利条件**：

   - **狼人胜利**：当狼人数量与村民数量相等。

   - **村民胜利**：当所有狼人被逐出游戏。

这些规则提供了游戏的基本框架，玩家需要在此基础上进行策略和互动。

《狼人杀》游戏规则简述：

1. **角色**：

   - **狼人**：每晚可以选择一名玩家进行"杀害"。

   - **村民**：没有特殊能力，依靠讨论和投票找出狼人。

   - **预言家**：每晚可以查验一名玩家的真实身份。

   - **女巫**：每晚可以使用"解药"救活被狼人攻击的玩家，或用"毒药"毒死一名玩家。

   - **猎人（可选）**：被杀时可以带走一名其他玩家。

   - **守卫（可选）**：每晚可以保护一名玩家免受攻击。

2. **游戏流程**：

   - **夜晚**：所有玩家闭眼，狼人选择目标，预言家查验身份，女巫决定是否使用药水。

   - **白天**：讨论和辩论，玩家投票逐出一名嫌疑人。

   - **轮换进行**：夜晚和白天交替进行，直到一方胜利。

3. **胜利条件**：

   - **狼人胜利**：当狼人数量等于或超过村民数量。

   - **村民胜利**：当所有狼人被逐出游戏。

通过策略和推理，玩家需在游戏中揭示真相并达成胜利。

4.4.5 使用 Midjourney 生成卡牌画面

（1）了解关键词的结构

关键词结构如图 4-59 所示，详细描述如下。

Midjourney 关键词： Card design

描述顺序： 卡牌人物描述、艺术风格描述、画质描述、style original

关键词示例：

狼人描述： A werewolf

女巫描述： A witch is holding potion in her hand in the forest

村民描述： An ordinary commoner ponders in the forest

猎人描述： A hunter carrying a shotgun in the forest

主 体 描 述： card design, deep tones, earthy colors, James Jean style, khmer art, dynamic graphics, complex clothing, ultra detailed illustrations, and deep detail portrayal --style original.

后缀： --ar 2:3 --niji 6

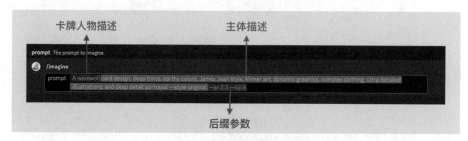

图 4-59　关键词的结构

（2）生成卡牌人物

人物 1

狼人

关 键 词： A werewolf, card design, deep tones, earthy colors, James Jean style, khmer art, dynamic graphics, complex clothing, ultra detailed illustrations, and deep detail portrayal. --ar 2:3 --niji 6

翻译： 狼人，卡片设计，深色调，泥土色，詹姆斯·让风格，高棉艺术，动态图形，复杂服装，超详细插图和深度细节描绘。--ar 2:3 --niji 6

生成方案如图 4-60 所示。

图 4-60 生成狼人

人物 2
女巫

关键词： A witch is holding potion in her hand in the forest, deep tones, earthy colors, James Jean style, khmer art, dynamic graphics, complex clothing, ultra detailed illustrations, and deep detail portrayal. --ar 2:3 --niji 6

翻译： 一位女巫在森林里手里拿着药水，深沉的色调，泥土的颜色，詹姆斯·让风格，高棉艺术，动态的图形，复杂的服装，超详细的插图，以及深度细节的描绘。--ar 2:3 --niji 6

方案生成如图 4-61 所示。

图 4-61 生成女巫

人物 3
村民

关键词：An ordinary commoner ponders in the forest, deep tones, earthy colors, James Jean style, khmer art, dynamic graphics, complex clothing, ultra detailed illustrations, and deep detail portrayal . --ar 2:3 --niji 6

翻译：一个普通的平民在森林中沉思，深沉的色调，朴实的颜色，詹姆斯·让风格，高棉艺术，动态的图形，复杂的服装，超详细的插图，以及深度细节描绘。--ar 2:3 --niji 6

生成方案如图 4-62 所示。

图 4-62　生成村民

人物 4
猎人

关 键 词：A hunter carrying a shotgun in the forest, deep tones, earthy colors, James Jean style, khmer art, dynamic graphics, complex clothing, ultra detailed illustrations, and deep detail portrayal . --ar 2:3 --niji 6

翻译：森林中携带猎枪的猎人，深沉的色调，朴实的颜色，詹姆斯·让风格，高棉艺术，动态的图形，复杂的服装，超详细的插图和深度细节描绘。--ar 2:3 --niji 6

生成方案如图 4-63 所示。

图 4-63　生成猎人

（3）用 PS 辅助设计合成

用 PS 加上卡牌边框、卡牌名称、属性等内容，效果如图 4-64 所示。

【猎人】

【女巫】

【村民】

【狼人】

图 4-64　用 PS 辅助设计合成

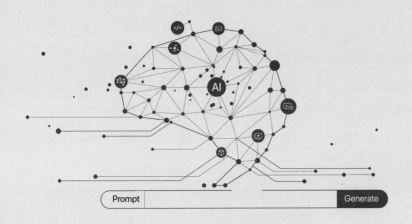

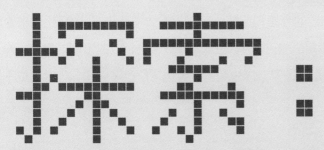

探索：

游戏美术设计中
不同风格概念的
提示词运用

5.1

游戏角色类生成关键词

使用 AIGC 技术生成游戏角色时，首先需要明确角色的定位，比如主角、反派或辅助角色。关键词应与游戏的整体艺术风格保持一致，如卡通、写实或科幻等。描述角色的明显特征，包括性别、年龄、体型和肤色。服装和装备的风格也应通过关键词来指定，如中世纪盔甲或未来派战衣。

性格描述和情感表达是角色设计中不可或缺的部分，可以使用关键词来传达角色的勇敢、狡猾或乐观等性格特点，以及愤怒、快乐或悲伤等情感状态。此外，指定角色的动作或姿态，如战斗姿态或行走，可以增加角色的生动性。

考虑角色所处的环境，并使用关键词反映角色与环境的适应性，如雪地或沙漠。如果游戏具有特定的文化或历史背景，要确保关键词体现这一点。可以使用具体的形容词和细节描述来丰富角色形象，如"破旧的皮夹克"或"闪烁的魔法法杖"。

利用 AIGC 技术生成工具，并提供参考图像或艺术家的名字，让 AI 学习特定的风格。不要害怕进行多次测试和实验，多尝试几次，以找到最佳的关键词组合。通过这些细致的考虑和策略，可以更有效地使用 AI 工具生成符合预期的游戏角色。下面举例进行说明。注意本章只给出相应的示例，具体操作步骤读者只需参考前述章节即可，感兴趣的读者也可修改关键词，尝试生成不同的效果。

5.1.1 卡通 NPC 角色生成关键词

关键词： Set of isometric chibi characters, full body characters, various males and females, 360 degrees, cyberpunk theme, 2D graphics, game assets, illustrations in casual cartoon game style, game art design, vector graphics, colorful illustrations, smooth and clean textures, high resolution in cartoon game asset style, concept art, isometric environment, isometric view, top view, 45 degree camera. --ar 4:3 --niji 5 --style scenic --s 400

翻译： 等距卡通人物集，全身人物，各种男性和女性，360 度，赛博朋克主题，2D 图形，游戏资产，休闲卡通游戏风格的插图，游戏艺术设计，矢量图形，彩色插图，光滑干净的纹理，高分辨率卡通游戏资产风格，概念艺术，等距环境，等距视图，顶视图，45 度摄像头。--ar 4:3 --niji 5 -- 风格风景 --s 400

生成方案如图 5-1 所示。

图 5-1　卡通 NPC 角色生成

5.1.2 侠盗猎车手风格角色生成关键词

关键词： Set of isometric chibi characters, full body characters, various males and females, 360 degrees, Grand Theft Auto theme, 2D graphics, game assets, illustrations in casual cartoon game style, game art design, vector graphics, colorful illustrations, smooth and clean textures, high resolution in cartoon game asset style, concept art, white clean background，isometric environment, isometric view, top view, 45 degree camera. --ar 4:3 --niji 6 --s 500

翻译： 等距卡通人物集，全身人物，各种男性和女性，360 度，侠盗猎车手主题，2D 图形，游戏资产，休闲卡通游戏风格的插图，游戏艺术设计，矢量图形，彩色插图，光滑干净的纹理，卡通游戏资产风格的高分辨率，概念艺术，白色干净的背景，等距环境，等距视图，顶视图，45 度摄像头。--ar 4:3 --niji 6 --s 500

生成方案如图 5-2 所示。

图 5-2　侠盗猎车手风格角色生成

5.1.3 欧卡休闲风格角色生成关键词

关键词： Kingdom Guardian, A strong warrior with big muscles, holding sword and shield in his hands, simple facial expressions, cute cartoon style, simple background, game character design, front view, square head shape, low poly, clash of clans artstyle, isometric angle, solid white color background, simple details, game asset model, dark pink skin tone color , a little bit purple on the eyes, big hair bun on top of their heads, simple black beard around mouth, solid face outline. --ar 4:3

翻译： 王国守护者，一个肌肉发达的强壮战士，手握剑和盾牌，简单的面部表情，可爱的卡通风格，简单的背景，游戏角色设计，正面视图，方形头部形状，低多边形，部落冲突艺术风格，等距角度，纯白色背景，简单细节，游戏资产模型，深粉色肤色，眼睛有点紫色，头顶上有大发髻，嘴巴周围有简单的黑胡子，纯色脸部轮廓。--ar 4:3

生成方案如图 5-3 所示。

图 5-3　欧卡休闲风格角色生成

5.1.4 英雄像素风格角色生成关键词

关键词： 2D top down sprite character hero style of pixel art sprite, sheet style of pixel art. --ar 4:3 --style raw --niji 6 --s 750

翻译： 2D自上而下的精灵角色英雄像素艺术风格精灵，像素艺术风格表。--ar 4:3 --style raw --niji 6 --s 750

生成方案如图5-4所示。

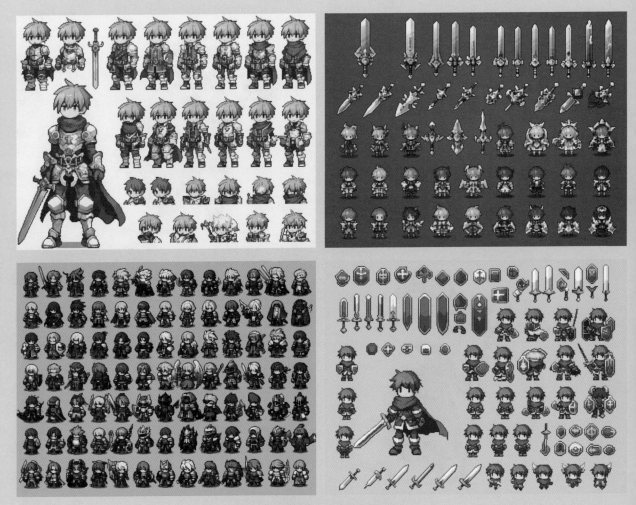

图5-4 英雄像素风格角色生成

5.2

游戏场景类关键词

    使用 AIGC 工具生成引人入胜的游戏场景时，关键在于精心挑选和组合一系列描述性的关键词。首先，确定场景的基本类型和环境氛围，无论是宁静的森林、繁忙的市集还是神秘的地下城。接着，设定场景的时间和天气，如黄昏时分的细雨或夜晚的星空，这些元素能够极大地影响场景的情感基调。进一步地，描述地理特征和建筑风格，从崎岖的山脉到蜿蜒的河流，或是从哥特式的尖塔到现代主义的简约线条。

    色彩和光照是营造场景氛围的重要工具，温暖的色调与冷色调的对比，阳光下的明暗变化，或是霓虹灯下的光影交错，都能为场景增添生命力。植被和自然元素，如茂密的树木、广阔的草地或五彩斑斓的花海，不仅能丰富场景的细节，也可提供生态的多样性。文化和时代背景的融入，如古代中国、维多利亚时代或赛博朋克，可为场景赋予独特的历史和文化深度。

    还可考虑场景中的动态元素和音效，如飞翔的鸟、流动的水或市场的喧哗，这些都能增强场景的真实感和沉浸感。场景的规模，如从宏大的城堡到狭小的洞穴，也是关键词选择时需要考虑的因素，以确保场景的适宜比例和空间感。

    技术参数的指定，如分辨率和视角，可以确保场景的视觉质量符合游戏的需求。参考和灵感的引入，如艺术家的风格或著名的画作，可以为 AI 提供更具体的视觉指导。最后，要确保关键词的原创性和版权合规性，避免侵犯他人的创意成果。通过迭代和优化，根据 AI 生成的初步结果不断调整关键词，以获得最佳的视觉效果。

    通过这些细致入微的关键词选择和描述，AIGC 工具能够生成具有丰富细节、情感深度和视觉吸引力的游戏场景，从而为玩家带来难忘的游戏体验。

5.2.1 城市冒险游戏场景生成关键词

关键词: concept art of an adventure game set in the city, floating above characters on a suspended platform with a railcar and robot dog below, cyberpunk setting with flying vehicles, dynamic lighting with electric colors, neofuturism in the style of neofuturism, 4K, high definition. --ar 4:3 --s 750 --niji 6

翻译: 一款以城市为背景的冒险游戏的概念艺术，游戏人物漂浮在悬浮平台上，下方是一辆轨道车和一台机器狗，赛博朋克背景，飞行车辆，动态灯光与电色，新未来主义风格的新未来主义，4K，高清。--ar 4:3 --s 750 --niji 6

生成方案如图 5-5 所示。

图 5-5　城市冒险游戏场景生成

5.2.2 皇室战争卡通场景生成关键词

关键词：Clash Royale style game map, 3D rendering, Box courtyard scene, Mini map, square. --ar 4:3 --style raw --q 2

翻译：Clash Royale 风格的游戏地图，3D 渲染，盒子庭院场景，迷你地图，正方形。--ar 4:3 --style raw --q 2

生成方案如图 5-6 所示。

图 5-6　皇室战争卡通场景生成

5.2.3　春日黏土质感 3D 场景生成关键词

关 键 词：3D Cartoon spring background in the style of a cartoon, simple flat illustration style with a green grass and blue sky, Colorful flowers in the foreground with hills covered with trees on both sides of the screen, Simple design with bright colors, bright sunshine and a cute style like children's book illustrations, High resolution digital art with a bright color scheme. --ar 4:3 --niji 6 --s 750

翻译：3D 卡通春天背景，卡通风格，简单的平面插画风格，绿草蓝天，前景是五颜六色的花朵，屏幕两侧是树木覆盖的山丘，设计简单，色彩鲜艳，阳光明媚，风格可爱，就像儿童书籍插图，高分辨率数字艺术，配色方案明亮。--ar 4:3 --niji 6 --s 750

生成方案如图 5-7 所示。

图 5-7　春日黏土质感 3D 场景生成

5.2.4　小村庄场景生成关键词

关键词： screenshot of the game, an isometric mobile video RPG with cartoon characters, various cute buildings in background. --ar 4:3

翻译： 游戏截图，一款等距移动视频 RPG，有卡通人物，背景中有各种可爱的建筑物。--ar 4:3

生成方案如图 5-8 所示。

图 5-8　小村庄场景生成

5.3

游戏用户界面（UI）关键词

在利用 AIGC 工具设计游戏用户界面（UI）时，关键词的精准选择是确保界面既美观又实用的关键。首先，要确保 UI 风格与游戏的整体视觉艺术风格保持一致，无论是卡通、写实、科幻还是复古，色彩方案的选择也应与整体色调和对比度相协调。UI 的布局结构需要精心设计，以确保功能性和易用性，同时，字体选择和图标设计应简洁明了，以提高可读性和直观性。还要考虑交互性以及动画效果，交互性是 UI 设计中不可或缺的部分，包括按钮、滑块和滚动条等元素，而动画效果则为界面增添了活力和吸引力。

适应性也是 UI 设计中的重要考虑因素，其确保游戏在不同设备和分辨率下都能提供一致的用户体验。技术参数如分辨率和图标尺寸需要根据具体需求进行指定，同时，原创性和版权合规性也是设计过程中必须遵守的原则。参考和灵感的引入，比如其他游戏或设计作品，可以激发 AI 的创意，而专业的 AIGC UI 生成工具的使用则提供了特定的参数和功能，以实现更精确的控制。

通过迭代和优化，根据 AI 生成的初步结果不断调整关键词，以获得最佳的设计效果。同时考虑目标玩家群体的偏好和操作习惯，确保 UI 设计与游戏场景和角色设计风格融合，提供沉浸式体验。通过这些细致的关键词选择和描述，AI 工具能够生成既符合游戏风格又满足功能需求的游戏 UI，从而提升玩家的游戏体验。

5.3.1　欧式城堡游戏 UI 界面生成关键词

关键词：The game interface design features a European castle background image with magic elements and a cartoon style UI for character equipment in the middle of the screen. The left hand panel displays ability icons in a table with a "circlet" on top. The right side features a grid icon display area showing crystal diamond gems with small round white boxes at the bottom. It has a top down view. In the style of a Disney animated movie like Frozen, the background features a cracked ice surface and foggy blue sky to create a dreamy atmosphere through exquisite 3D rendering details in full color at a high resolution. --ar 4:3

翻译：游戏界面设计采用带有魔法元素的欧式城堡背景图，中间为卡通风格的人物装备 UI，左侧面板以表格形式显示能力图标，上方有"圆圈"，右侧为网格图标显示区，显示水晶钻石宝石，下方有小圆白框，采用自上而下的视图，背景采用《冰雪奇缘》等迪士尼动画电影的风格，以破裂的冰面和雾蒙蒙的蓝天为背景，通过高分辨率全彩精致的 3D 渲染细节营造出梦幻般的氛围。--ar 4:3

生成方案如图 5-9 所示。

图 5-9　欧式城堡游戏 UI 界面生成

5.3.2 卡通界面设计生成关键词

关键词： game ui - kit spritesheet with different colorful elements and a sunny retro feeling, Game UI, Reasonable typesetting, Game icon. --ar 4:3 --s 400 --niji 6

翻译： 游戏用户界面 - 带有不同彩色元素和阳光复古感觉的套件精灵表，游戏用户界面，合理的排版，游戏图标。--ar 4:3--s 400--niji 6

生成方案如图 5-10 所示。

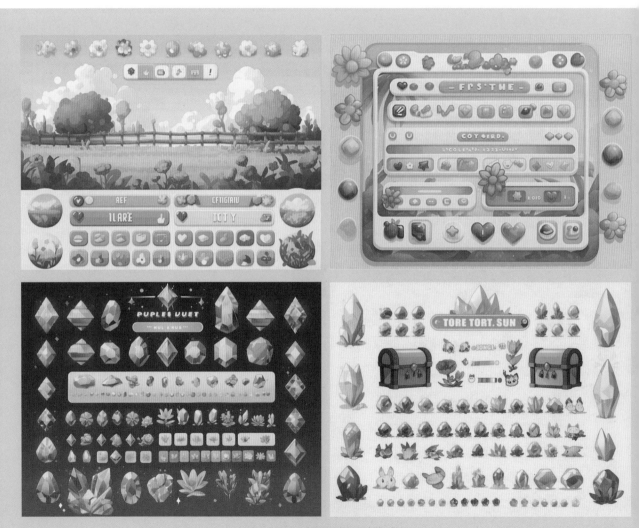

图 5-10　卡通界面设计生成

5.3.3 魔幻题材游戏界面生成关键词

关键词：Design a magical and ethereal leaderboard and skill system in a medieval style, utilizing sparkling elements and spells for mobile gaming. --ar 4:3

翻译：设计一个具有中世纪风格的神奇而空灵的排行榜和技能系统，利用闪闪发光的元素和咒语进行移动游戏。--ar 4:3

生成方案如图 5-11 所示。

图 5-11　魔幻题材游戏界面生成

5.3.4 魔法元素游戏界面生成关键词

关键词: The game interface design features a European castle background image with magic elements and a cartoon style UI for character equipment in the middle of the screen. The left hand panel displays ability icons in a table with a "circlet" on top. The right side features a grid icon display area showing crystal diamond gems with small round white boxes at the bottom. It has a top down view. In the style of a Disney animated movie like Frozen, the background features a cracked ice surface and foggy blue sky to create a dreamy atmosphere through exquisite 3D rendering details in full color at a high resolution. --ar 4:3 --s 400 --niji 6

翻译: 游戏界面设计采用带有魔法元素的欧式城堡背景图,中间为卡通风格的人物装备 UI,左侧面板以表格形式显示能力图标,顶部有"圆圈",右侧为网格图标显示区,显示水晶钻石宝石,底部有小圆白框,采用自上而下的视图,背景采用《冰雪奇缘》等迪士尼动画电影的风格,以破裂的冰面和雾蒙蒙的蓝天为特色,通过高分辨率全彩精致的 3D 渲染细节营造出梦幻般的氛围。--ar 4:3 --s 400 --niji 6

生成方案如图 5-12 所示。

图 5-12　魔法元素游戏界面生成

5.4

游戏资源关键词

AIGC 在游戏资源素材生成方面具有显著的优势，它能够以前所未有的速度和效率快速产出高质量的视觉素材。AIGC 的这一能力不仅极大提升了开发效率，还节约了成本，尤其是在减少对专业美术人员和设计师的依赖上表现得尤为突出。AI 的创意扩展功能，即通过调整关键词和参数，为游戏开发者提供了个性化定制和风格多样的资源，从而激发新的设计思路和灵感。此外，AI 的快速迭代能力，使得根据反馈进行细致调整变得简单快捷，确保了素材的持续优化和改进。

AI 生成资源素材具有高质量输出和灵活适应性的特点。在游戏开发的早期阶段，AI 的快速原型制作功能尤为重要，它帮助开发者快速验证概念，加速了从构思到实现的整个过程。AI 还能够提供具有不同文化特征的资源，丰富游戏世界的多样性，同时，易于集成的特性也使得 AI 生成的资源能够无缝融入现有的游戏开发流程中。

5.4.1　头像框生成关键词

关 键 词：Game avatar frame, round frame, game icon, wings, Machinery, sci-fi style, blue, ice, in the style of realistic yet stylized, glass and ceramics, isometric, luminous palette, transparent, ui design, isometric, front view, black background, simple lighting details, studio lighting, 3D, C4D, OC rendering , enhanced, high detail, 8K. --ar 4:3 --style raw --s 400 --niji 6

翻译：游戏头像框架，圆形框架，游戏图标，翅膀，机械，科幻风格，蓝色，冰，风格逼真而又风格化，玻璃和陶瓷，等距，发光调色板，透明，用户界面设计，等距，正面视图，黑色背景，简单的照明细节，工作室照明，3D，C4D，OC渲染，增强，高细节，8K。--ar 4:3 --style raw --s 400 --niji 6

生成方案如图 5-13 所示。

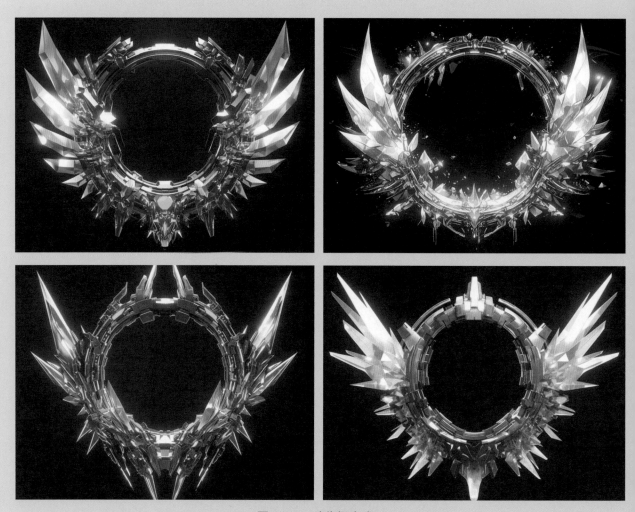

图 5-13　头像框生成

5.4.2 游戏宝箱生成关键词

关 键 词：A collection of game props, including a cartoon treasure chest with an open lid and small gems inside. The design is low-poly and simple, set against a dark background with bright colors, suitable for mobile games and casual styles. The artwork has a high level of detail, reflecting the style of game art. --ar 4:3 --s 400 --niji 6

翻译：游戏道具合集，包括一个带开盖的卡通宝箱，里面有小宝石，设计低多边形且简单，以深色背景为背景，色彩鲜艳，适合手机游戏和休闲风格，艺术品细节丰富，体现了游戏艺术的风格。--ar 4:3 --s 400 --niji 6

生成方案如图 5-14 所示。

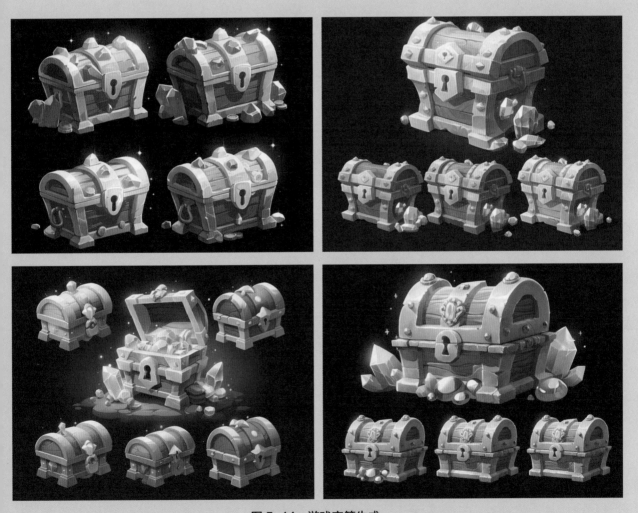

图 5-14　游戏宝箱生成

5.4.3　游戏水晶和矿山质感生成关键词

关键词：24 game icons for RPG projects, game design, moba style crystal stone, mobile game icon design, simple shapes, low details, pastel colors, concept art, black background. --ar 4:3 --s 50

翻译：24 个用于 RPG 项目的游戏图标，游戏设计，moba 风格水晶石，手机游戏图标设计，简单形状，低细节，柔和色彩，概念艺术，黑色背景。--ar 4:3 --s 50

生成方案如图 5-15 所示。

图 5-15　游戏水晶和矿山质感生成

5.4.4　冰雪小屋建筑生成关键词

关 键 词： set of isometric winter fantasy game buildings, pixel art style, cyan background, no shadows on the object. --ar 4:3 --s 50

翻译：一组等距冬季幻想游戏建筑，像素艺术风格，青色背景，物体上没有阴影。--ar 4:3 --s 50

生成方案如图 5-16 所示。

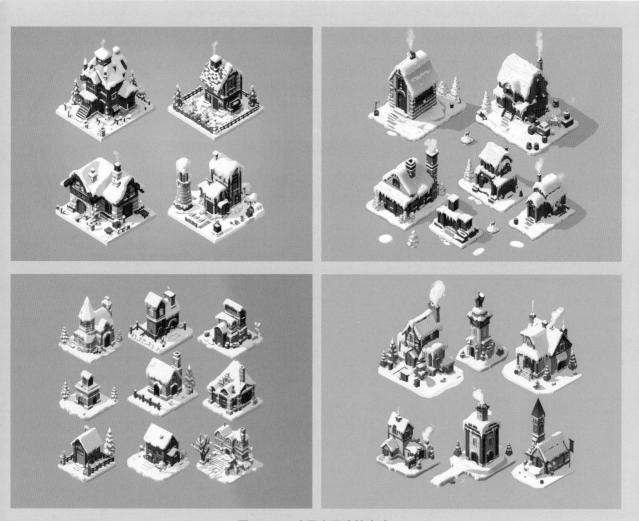

图 5-16　冰雪小屋建筑生成

5.5

游戏地图关键词

AIGC 关键词的精准选取是塑造引人入胜虚拟世界的起点。首先，我们可确定地图的基本类型和尺寸比例，为玩家提供一个既宏大又细致的探索空间。紧接着，通过地形特征的描绘，如峻岭、溪流、森林等，营造出多样化的自然景观，同时，通过环境氛围的设定，如幽静的山谷或喧嚣的市集，进一步加深玩家的沉浸感。

随着风格和主题的明确，地图被赋予了独特的视觉语言，无论是古典的中世纪风情，还是未来派的科幻世界。建筑和结构的精心设计，如巍峨的城堡、熙攘的城镇，不仅增添了地图的细节，也让游戏的世界观更加丰满。而道路和路径的巧妙布局，关键地标的醒目设置，以及交互元素的巧妙安排，共同构成了引导玩家探索的线索。

最终，我们需要基于玩家体验的反馈，持续改进地图设计，确保每一个设计决策都以提升玩家的游戏体验为目标。这样，AI 生成的游戏地图不仅仅是一个背景，它成为了玩家冒险旅程中不可或缺的一部分，一个既美观又实用的游戏世界。

5.5.1　鸟瞰游戏地图生成关键词

关键词： Game map, comic-style world of Warcraft-style, bird's-eye view, huge islands surrounded by water and land with mountains in the middle, game screen, sky-blue sea surface, green grasslands on the islands, cartoon illustrations, thick painted illustration, top-down perspective, game design display, and simple background. --ar 4:3

翻译： 游戏地图，漫画风魔兽世界风格，鸟瞰视角，巨大的岛屿被水陆包围，中间是群山，游戏画面，天蓝色的海面，岛屿上的绿色草原，卡通插画，厚涂插画，俯视视角，游戏设计展示，背景简洁。--ar 4:3

生成方案如图 5-17 所示。

图 5-17　鸟瞰游戏地图生成

5.5.2 中国古代建筑地图生成关键词

关键词: Game Scene, Ancient Chinese Architecture, Garden, Lake, Landscape, Map, Poké mon Style, Game Assets, Simple Lines, PNG Format. --ar 4:3
翻译: 游戏场景, 中国古代建筑, 花园, 湖泊, 风景, 地图, 神奇宝贝风格, 游戏资产, 简单线条, PNG 格式。--ar 4:3
生成方案如图 5-18 所示。

图 5-18　中国古代建筑地图生成

5.5.3 塔防游戏地图生成关键词

关键词：2D map, Krosmaster Arena map, grass and tree. --ar 4:3

翻译：2D 地图，Krosmaster Arena 地图、草地和树木。--ar 4:3

生成方案如图 5-19 所示。

图 5-19 塔防游戏地图生成

5.5.4 等距像素游戏场景地图生成关键词

关键词： A top-down view of an isometric pixel art map in the style of Genshin Impact, showing multiple countryside towns and waterways. Each town has one house with three different-colored roofs, surrounded by trees. Between these villages lie lakes and rivers. The background features a green grassy field, blue sky, and white clouds. There are also some forested areas scattered around the central area. --ar 4:3

翻译： 一张采用《原神》风格的等距像素艺术地图的俯视图，展示了多个乡村城镇和水道，每个城镇都有一栋房子，屋顶有三种不同的颜色，四周环绕着树木，这些村庄之间有湖泊和河流，背景是一片绿色的草地、蓝天和白云，中心区域周围还散布着一些森林。--ar 4:3

生成方案如图 5-20 所示。

图 5-20　等距像素游戏场景地图生成

5.6

游戏插图风格关键词

　　AIGC 能够迅速根据设定的参数和关键词，创造出与游戏主题和背景故事紧密相连的插图，这不仅大大缩短了设计时间，也显著提高了工作效率。而随着技术的不断进步，AI 生成的插图在质量上也日益精湛，无论是在风格统一性、色彩协调性还是细节描绘上，都能够达到令人满意的效果。

　　AI 生成插图的优势还体现在成本效益上。通过减少对专业设计师的依赖，AIGC 技术降低了游戏开发的成本，同时，它所提供的个性化定制和多样性风格，为游戏的视觉艺术带来了无限可能。AIGC 的快速迭代能力，使得设计师可以根据反馈迅速调整和优化插图，确保最终作品的完美呈现。

　　此外，AI 生成插图的过程也是一个持续学习和自我完善的过程。随着每一次的创作，AIGC 系统都在不断吸收新的信息，提高自身的设计水平。这种学习能力，使得 AI 生成的插图不仅易于修改和调整，以适应不同的应用需求，而且还能够随着游戏的更新和发展，持续提供新的创意和灵感。同时，AI 生成的插图还具有很好的可扩展性，为游戏的扩展和迭代留出了充足的空间。

　　总的来说，AI 在游戏插图创作中的应用，为设计师提供了一个强大的工具，给游戏开发带来了便利。通过精心设计的关键词和参数，AI 能够创造出既美观又实用的游戏插图，增强游戏的视觉叙事和艺术表现，为玩家带来更加丰富的游戏体验。

5.6.1 华丽 2D 游戏卡牌插图生成关键词

关键词： A traditional Chinese style game poster that exudes a sense of luxury, depicting a lovely long-haired girl playing cards in the air. She is surrounded by various poker symbols such as hearts, diamonds, clubs, spades, coins and gold ingots, all depicted in a colorful cartoon illustration style. The background incorporates elements of Chinese theater, adding to the lively atmosphere. This is a full-body portrait in the traditional Chinese cartoon illustration style. --ar 4:3 --s 400 --niji 6

翻译： 一张散发着奢华感的中国传统风格的游戏海报，描绘了一个可爱的长发女孩在空中打牌，她周围是红心、方块、梅花、黑桃、硬币和金锭等各种扑克符号，都以彩色卡通插画风格描绘，背景增添了热闹的氛围，这是一幅中国传统卡通插画风格的全身肖像。--ar 4:3 --s 400 --niji 6

生成方案如图 5-21 所示。

图 5-21　华丽 2D 游戏卡牌插图生成

5.6.2 足球游戏主视觉生成关键词

关键词： 3D style game promotional banner, C4D, OC renderer, cartoon character is playing soccer with bright colors and dynamic action poses. The background is a city street scene with skyscrapers in soft focus. Elevation angle. --ar 4:3 --niji 6 --s 750

翻译： 3D 风格的游戏宣传横幅，C4D，OC 渲染器，卡通人物正在踢足球，色彩鲜艳，动作姿势动感十足，背景是城市街景，摩天大楼柔焦，仰角。--ar 4:3 --niji6

生成方案如图 5-22 所示。

图 5-22　足球游戏主视觉生成

5.6.3　头号玩家游戏插图生成关键词

关键词： immersive virtual reality, player, holographic game world, unknown planet, exotic atmosphere, fluorescent purple and green, glitch art. --ar 4:3 --s 400 --niji 6

翻译： 沉浸式虚拟现实，玩家，全息游戏世界，未知星球，异国情调氛围，荧光紫色和绿色，故障艺术。--ar 4:3 --s 400 --niji 6

生成方案如图 5-23 所示。

图 5-23　头号玩家游戏插图生成

5.6.4　炫酷动作游戏插图生成关键词

关 键 词：a character in an animated title with his fist in the air, in the style of fenghua zhong, vivid brushstrokes, dark magenta and light gold, intel core, rubens, mechanized precision, simon birch. --ar 4:3 --niji 5 --s 400

翻译：动画标题中的人物挥舞着拳头，采用钟风华的风格，生动的笔触，深洋红色和浅金色，英特尔核心，鲁本斯，机械化精度，西蒙·伯奇。--ar 4:3 --niji 5 --s 400

生成方案如图 5-24 所示。

图 5-24　炫酷动作游戏插图生成

结语

读完本书，快来踏上这条充满无限可能的创意之旅吧！ChatGPT 和 Midjourney 作为你的 AIGC 伙伴，将伴随你左右。在开始这段旅程之前，有几件事情需要牢记：

首先，理解 AIGC 技术的基础至关重要。花时间去了解 ChatGPT 的语言处理能力和 Midjourney 的视觉创造力，这样你才能更好地掌握它们，让它们成为你创意表达的工具。

明确你的游戏美术设计目标，这样你才能更精确地使用这些工具来实现你的愿景。记住，清晰的语言描述是引导 ChatGPT 生成符合你需求内容的关键。

在实践中不断迭代，每一次的尝试都是向完美迈进的一步。不要害怕调整和优化，因为 AIGC 技术的核心优势之一就是快速迭代的能力。

同时，保持对创意的控制，让技术为你的艺术服务，而不是主宰你的创作。技术与艺术的结合，将使你的作品更加丰富和生动。

持续学习，跟上 AIGC 技术的最新发展。例如加入社区，与其他设计师交流，这不仅能加速你的学习过程，还能让你获得宝贵的灵感和反馈。

在使用 AIGC 生成的内容时，注意版权和伦理问题，确保你的行为符合法律法规。同时，认识到技术的局限性，有时人的直觉和经验是不可替代的。

最后，不要忘了发展你自己的艺术风格。让 AIGC 技术成为你个人表达的助力，而不是限制。通过这些指导原则，你将能够更自信地将 ChatGPT 和 Midjourney 融入你的游戏美术设计工作中，让它们成为你创意旅程中的得力助手，帮助你将心中的幻想变为现实。